草莓架式栽培

草莓无土栽培

草莓盆栽

日光温室双层棚膜覆盖促成栽培

甜查理双层棚膜覆盖促成栽培

三层棚膜覆盖促成栽培

大棚促成栽培

赤霉素使用过量造成花梗过度伸长

草莓花器官受冻状

草莓缺钙症状

草莓肥害症状

草莓缺素症
及草莓灰霉
病症状

内 容 提 要

本书本着联系实际、服务生产的宗旨，以问答的方式对如何提高草莓商品性栽培做了较详细的解答。内容包括：草莓商品性概述，草莓的生长特性及对环境条件的要求，草莓生产上的主要品种，草莓苗的繁殖技术，草莓露地栽培技术、保护地栽培技术、冷藏抑制栽培技术、无土栽培技术、病虫草害防治技术、采收及采后处理等。全书内容丰富系统，语言通俗易懂，技术先进实用，可操作性强，便于果农学习和使用。

图书在版编目(CIP)数据

提高草莓商品性栽培技术问答/周厚成主编. -- 北京 : 金盾出版社，2011.1
(果蔬商品生产新技术丛书)
ISBN 978-7-5082-6713-5

Ⅰ.①提… Ⅱ.①周… Ⅲ.①草莓—果树园艺—问答 Ⅳ.①S668.4-44

中国版本图书馆 CIP 数据核字(2010)第 210129 号

金盾出版社出版、总发行
北京太平路 5 号(地铁万寿路站往南)
邮政编码:100036 电话:68214039 83219215
传真:68276683 网址:www.jdcbs.cn
封面印刷:北京蓝迪彩色印务有限公司
彩页正文印刷:北京金盾印刷厂
装订:兴浩装订厂
各地新华书店经销
开本:850×1168 1/32 印张:7.25 彩页:4 字数:169 千字
2012 年 7 月第 1 版第 2 次印刷
印数:8 001～13 000 册 定价:12.00 元

(凡购买金盾出版社的图书，如有缺页、倒页、脱页者，本社发行部负责调换)

果蔬商品生产新技术丛书

提高草莓商品性栽培技术问答

主编
周厚成
编著者
赵霞 焦蕾 王中庆 王宜轩
周联东 王文杰 郭玉霞

金盾出版社

目　录

一、草莓商品性概述

1. 什么是草莓的商品性？发展草莓商品性生产的意义是什么？

草莓种植者生产出的草莓果实进入市场销售从而满足消费者食用需求即成为草莓商品。草莓果实的商品性主要体现在品质上，包括外观品质和内在品质。外观品质包括果实的果形、色泽、着色度、单果重、果实新鲜程度等，内在品质包括果实的可溶性固形物含量、总酸量、果实硬度等理化指标。草莓商品性生产就是以消费者的需求和市场为导向，采用适宜的优良品种和配套的栽培技术进行标准化生产管理，并辅以采后分级、包装、贮藏、加工等技术环节，为提高草莓果实商品率而进行的专业化生产。

草莓的商品性是在市场经济条件下，为满足市场对草莓的需求而发展起来的，其特点是生产经营比较集约化、专业化、标准化，社会化水平和商品化程度较高，商品率高。我国草莓栽培区域的自然和社会经济条件复杂，布局分散，产量和商品率都不高，因此应贯彻因地制宜、适当集中、合理布局的方针，建立草莓生产基地，大力发展草莓商品性生产，逐步提高草莓的商品率，充分满足国内外市场的需要。

发展草莓商品性生产的意义有：一是提高草莓种植者的经济效益；二是满足草莓消费者日益增长的消费需求；三是增加社会效益和生态效益；四是促进草莓走产业化发展之路。

2. 我国草莓商品性生产的发展方向是什么?

根据我国草莓的生产情况和特点,结合国外草莓发展动向,预测今后草莓商品性生产的发展趋势有以下特点。

(1)种植标准化 近年来,消费者对食品安全意识的提升,促使草莓生产者生产优质安全的草莓果实,并注重草莓采收及采后的处理过程。为适应这一发展要求,进行草莓商品化栽培的标准化生产将进一步为大家所认识。在草莓适栽区,将会出现大面积集中栽培区,由于产前、产中、产后服务到位生产者没有后顾之忧,而且规模优势将会带来客观的价格优势,使生产者有更多的效益。

(2)品种区域化、优良化 草莓品种除要求高产、抗性强、适应性广外,还须培育出大果、香味浓、糖度高、耐贮运的品种,需要培育适合各种栽培方式的优良品种。国内应引种与育种相结合,不断推出优良品种,更新换代。不同地区、不同栽培方式、不同用途应有自己的拳头产品,进行适度规模生产。大果优质品种的价格优势逐渐被更多果农认同,发展大果优质品种,将使品种更新速度加快。草莓生产较先进的地区,栽培品种又会表现出多样化,适于鲜食的品种、加工的品种、长途运输的品种将会共存。

(3)种苗无毒化 今后的草莓生产,将广泛采用无病毒种苗。因为无病毒种苗具有生长势强、开花结果多、果实个大、产量高的特点,又克服了因病毒感染所带来的种性退化问题,草莓生产将会再上一个新台阶。

(4)生产周年化 利用现代栽培技术,实现草莓的周年生产和周年供应,满足市场对草莓鲜果的需求。除露地栽培外,促成栽培、半促成栽培、抑制栽培及无土栽培技术将会被普遍采用,形成周年生产与供应鲜果的体系,消费者一年四季部可以吃到新鲜的草莓。

(5)创造并应用高新技术 克服连作障碍有望取得新进展,温室无土栽培等栽培新技术、新模式、新设施将不断涌现，并迅速在生产中应用。

(6)促进草莓贮藏加工业的发展 随着草莓生产的发展和产量的不断提高，会带动草莓贮藏加工业的发展。采用速冻保藏草莓可大大延长贮藏期，速冻草莓将是草莓重点产区不可缺少的加工项目。草莓适宜加工成草莓酱、草莓汁、草莓酒、草莓罐头、草莓蜜饯、糖水草莓等多种加工品，这也是提高草莓附加值、稳定草莓产业的治本之策。

3. 草莓商品性包括哪几个方面?

(1)草莓果实的外观品质 指果实的大小、果形、色泽、着色度等。果实要求新鲜洁净、无异味。具有本品种特有的香气，无不正常外来水分，带新鲜萼片，具有适于市场或贮藏要求的成熟度。果实应有本品种特有的形态特征、颜色特征及光泽，且同一品种、同一等级不同果实之间形状、色泽均匀一致。果实着色度应大于70%。无畸形果实。消费者往往喜爱大果型果实，要求单果重大于25克。

(2)草莓果实的内在品质 指果实的口感、营养价值等，包括可溶性固形物含量、总酸量、总糖量、果实硬度等内在理化指标。草莓浆果芳香多汁，酸甜可口，营养丰富，富含维生素C、维生素B_1、维生素B_2、维生素A、磷、钙、铁、碳水化合物、蛋白质、脂肪、粗纤维、无机盐等营养物质。一般而言，日本品种果实含糖量高、含酸量低，香味浓郁，口感好，果实硬度低，适合国内南方地区大部分消费者的口味；而欧美品种果实往往酸味偏重，风味浓厚，硬度大，适合另一部分消费者群体的需求。

(3)草莓果实的卫生安全性 指果实在生产、采后包装、运输、销售等过程中的卫生安全性，包括生产区域的水源、大气、土壤符合无公害生产标准，生产全过程严禁使用违禁农药，合理使用化肥、有机肥、植物生长调节剂等，使生产的果实产品达到要求的卫生指标。

4. 影响草莓商品性的关键因素有哪些？

草莓品质的形成首先取决于品种，在相同的栽培环境下不同的品种有不同的外观品质和内在品质，因此选择适宜的优良品种是商品性生产的第一关键因素。其次，配套的标准化生产技术，包括生产环境的选择、合理施肥和使用农药、病虫草害的综合防治、植株管理、花果管理、设施栽培的温湿度管理等技术环节。

5. 品种特性与草莓商品性的关系是什么？

草莓品种特性主要包括果个大小、果形、果面光泽、果面颜色、果肉颜色、硬度、甜酸度、香味、风味等品质特性以及丰产性、抗病性、休眠深浅、适应性等栽培性状。草莓品种多样，每个品种都有各自的遗传基础，具有一定的栽培性状，只有在合适的条件下才能表现出该品种的优良性状，获得较高的商品性。

生产者对鲜食品种的一般要求为果实大、颜色鲜艳、果形正、硬度高、风味好、丰产性能强、抗病性好的品种。而消费者主要喜欢两种鲜食草莓产品，一种是风味甜、糖度高、酸度低、有香味的草莓品种（主要是日本品种）；另一种为果个大、耐贮运、着色好、风味酸甜的草莓品种（主要是欧美品种）。除鲜食品种以外还有专供加工、速冻的品种或用于制汁、制酱、制酒的品种，选择加工品种时，要选择果肉色泽深、汁液丰富、糖酸含量高的品种。在设施栽培中，采用早熟促成栽培时，应选择休眠浅的品种，以使果实提早上市；半促成栽培一般选择休眠较浅、中等或较深品种。在生产中为满足商品果实的食用安全性，应注重选择抗病性强的品种，以减少对农药的使用。另外，不同的品种在不同的气候、土壤条件下，性状表现不一样，因此需要选择适应本地区，表现最优的品种，以提高产品的商品性。

6. 栽培区域与草莓商品性的关系是什么？

草莓露地栽培，在不同的栽培区域由于土壤、气温、光照、水分等不同，影响草莓植株的休眠、花芽分化和果实品质的形成，从而影响果实的商品性。例如，果实的生长发育和成熟与温度有一定关系。一般情况下，温度低，果实生长期延长，成熟晚，但利于果个增大，干物质的积累。温度高，成熟快，但果个相对较小，品质变差，影响商品性。草莓设施栽培由于温湿度等生长环境条件可以调控，在我国南北方不同栽培区域均可生产出商品性较好的果实。

7. 如何综合各因素的影响在生产技术上提高草莓的商品性？

提高草莓商品性，必须从生产栽培的全过程按照标准化生产的要求进行管理和控制，包括产地选择，适栽品种的选用，脱毒种苗的培育，肥料、农药的合理使用，产品采后处理、包装、销售等过程中的各个影响因素。

草莓商品性生产即标准化安全生产过程中，在产地选择上，确定周边无污染源，农田大气、土壤及灌溉用水等各项指标的环境质量标准；在生产环节上，从优良品种选用到栽培方式、新技术应用、应用设施、节水灌溉等确定生产技术操作规程；在投入品的使用上，从使用肥料、农药种类、剂量、次数、时间、方法等制定规范的使用准则；从产品的收获、加工、包装、贮运、销售等确定各类规定；在质量管理上，制定产品检测、生产记录、建立档案等可追溯措施。真正体现草莓生产的全程质量控制。从而实行产地环境标准化、建园整地标准化、生产技术标准化、生产资料使用标准化、田间管理标准化、收获贮运标准化、产品加工标准化、商品包装标准化、过程记载标准化等。保障草莓质量安全的实施过程，也正是草莓标准化的实施过程，它的每个环节，都要有可操作性强的具体标准。因此，草莓质量安全是以实施草莓标准化为基础的。草莓产品质量的提高过程，也是草莓标准化完善提高的过程。无公害草莓既是产品的质量标志，也是实施草莓标准化的有效成果。根据目前颁布的草莓国家、行业和地方标准来看，现阶段要进一步加强草莓各相关标准的制定和完善，形成草莓安全生产的系列标准。

草莓标准化生产的终端产品是优质安全的草莓果实，只有果实达到了产品规格要求及感官标准、理化标准和卫生安全标准，草莓的标准化生产过程才算完成。草莓标准化生产的目的是提高草莓果实质量，保证消费安全，增强市场竞争力，实现效益最大化。符合安全质量标准的草莓果实，才能获准进入市场，实行优质优价，保证优质产品的质量效益。因此，实现草莓标准化生产是产品质量安全的根本保证，也是提高草莓商品性生产的重要途径。

二、草莓的生长特性及对环境条件的要求

1. 草莓植株由哪些器官组成？在生产上有什么意义？

草莓是多年生常绿草本植物，植株矮小，一般株高20～35厘米，呈半匍匐或直立丛状生长，不同品种、不同气候条件下植株的高度与生长状态不同。一个完整的草莓植株由地上部分的茎、叶、花、果实、种子与地下部分的根系所组成（图2-1）。其中茎又由新茎、根状茎和匍匐茎组成。在地表的短缩新茎上着生叶片，顶芽可分化出花芽，下部生根。其中根、茎、叶为营养器官，花、果实、种子为生殖器官。实现草莓的商品性栽培，必须从草莓植株各部分的形成与生长发育习性出发，配以相应的栽培管理措施，才能产出优质的草莓果实。

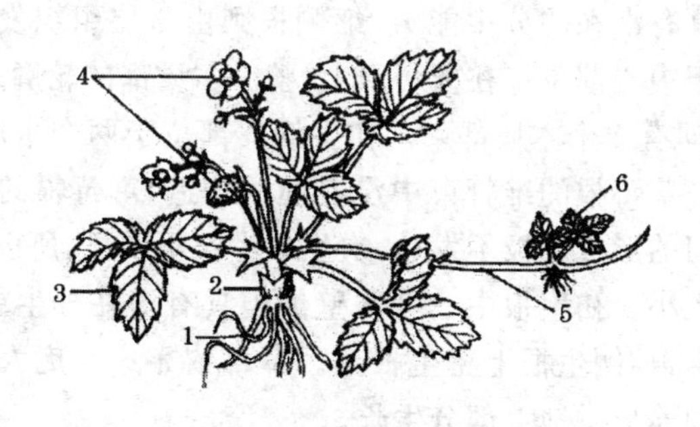

图2-1　草莓植株形态

1. 根　2. 短缩茎　3. 叶　4. 花和果　5. 匍匐茎　6. 子株

2. 草莓根系有什么生长发育规律？在生产上有什么意义？

根据繁殖方法不同，草莓形成的根系有 2 种类型：一是用种子繁殖形成的实生根系，实生根系由发达的主根、各级侧根和须根组成。二是由茎生不定根形成的茎源根系，着生在短缩茎上，十分发达，主要分布在表层土壤中，生产上栽培的草莓都为此类根系。无论是哪种根系都具有固定草莓植株，从土壤中吸收水分、养分供植株生长利用的功能，所以，根系生长的好坏直接关系到草莓的产量和品质。

(1)根系的构成与分布 一般健壮的植株可发出 20～50 条初生根，多的可发出 100 条以上。初生根直径为 1～1.5 毫米，初生根上生长无数条侧生根。草莓根的构造由表皮、皮层和维管束 3 部分组成。表皮仅由 1 层细胞组成，排列紧密，主要对根起保护作用。皮层由薄壁细胞组成，其细胞排列疏松，细胞壁薄。皮层内的结构为维管束，它由中柱鞘、木质部和韧皮部 3 部分组成。中柱鞘是维管束的外围组织，它紧接着内皮层，由 2 层薄壁细胞组成。这两层细胞具有潜在的分生能力，细侧根则由该层组织发生。初生木质部居于中心部位。在横切面上，整个木质部的轮廓呈芒状，有 5 个棱角，即有 5 个木质部束。初生韧皮部位于两个木质部中间，较不发达。草莓根的维管束中没有髓的构造，草莓根的木质部与韧皮部之间的形成层极不发达，次生根生长不明显，所以初生根的加粗生长很小。初生根中柱鞘薄壁细胞具有潜在分生能力，可产生许多侧生根，侧生根上密生根毛。草莓依靠这一庞大的须根系吸收水分和养分供地上部分生长。

草莓的根系在土壤中分布很浅，一般分布在距地表 20 厘米深的表土层内。草莓的新根为乳白色，随着根的老化，颜色由白色变成浅黄色后转化为褐色，最后变黑枯死。草莓初生根的寿命一般为1年左右，初生根变褐时，尚能发出一些侧根，当初生根变黑时就不能发出侧根，则由上部的新茎继续产生不定根供植株生长。

(2)根系的生长动态 草莓植株根系1年内有2～3次生长高峰。早春当10厘米地温稳定在2℃～5℃时，根系开始生长，此时主要是上一年秋季发出的白色越冬根进行延长生长。根系生长要比地上部生长早10～15天。以后随着气温的回升，地上部分花序开始显露，地下部分逐渐发出新根，越冬根的延长生长渐止。当10厘米地温稳定在13℃～15℃时，根系的生长达到第一次高峰。随着草莓植株开花和幼果膨大，根的生长缓慢。有些新根从顶部开始枯萎，变成褐色，甚至死亡。随着果实采收期的结束，适宜的温度使根系生长进入第二次高峰。7～8月份间，气候炎热，地温过高也使根系生长变缓。9月下旬至越冬前，由于叶片养分回流运转及地温降低，营养大量积累并贮藏于根状茎内，根系生长形成第三次高峰。

(3)根系生长与地上部的关系 根系生长高峰与地上部生长高峰大致呈相反趋势。萌芽至初花期，地上部分生长缓慢，地下部分越冬根的延长生长迅速，新根大量发生。随着地上部分的展叶、开花与坐果，地上部分对水分和养分的需求增加，根系生长缓慢。到果实膨大期，部分根会枯竭死亡。秋季至初冬，由于叶片养分的回流运转，地上部分生长缓慢，根系生长再度出现高峰。据试验观察，根系发育与植株坐果数密切相关。植株上坐果越多，根量越少。根系与果实之间存在着养分的竞争。

在生产中根据根的生长状态来确定追肥时间、追肥数量。在设施保护地栽培中，特别是在扣棚升温初期，通过覆盖地膜提高地温，促进根系优先大量发育，是形成早期优质高产的根本措施。

3. 草莓的茎有什么生长发育规律？在生产上有什么意义？

草莓的茎分新茎(图 2-2)、根状茎、匍匐茎 3 种。

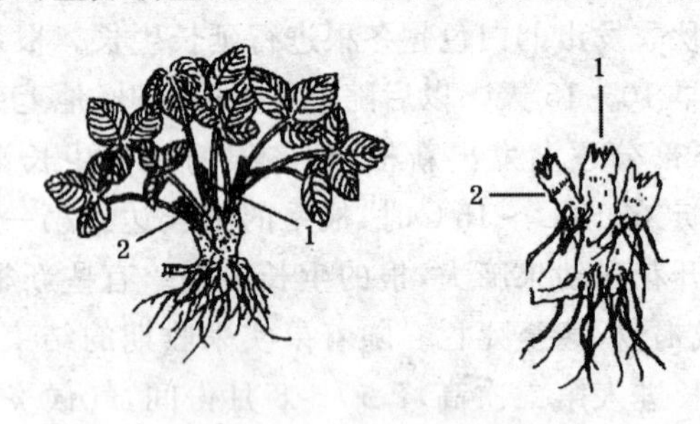

图 2-2　草莓的新茎及分枝

1. 新茎　2. 新茎分枝

(1)新茎　草莓植株的中心生长轴为一短缩茎，当年萌发的短缩茎叫新茎。新茎呈弓背形，花序均发生在弓背方向，栽植时常根据这一特性来确定定植方向。新茎上密生多节叶片，节间较短，其加长生长缓慢，每年只生长 0.5～1.5 厘米，加粗生长旺盛。从新茎的解剖结构来看，其表皮细胞排列整齐，输导组织发达，射线和导管相间排列，纤维细胞多，髓部大，有多层大的薄壁细胞。这些特点有利于营养物质的纵向和横向输导以及营养物质的贮藏。草莓新茎上轮生着具有叶柄的叶片，叶腋处有腋芽。腋芽具有早熟性，可当年萌发成新茎分枝，随着温度的进一步升高，新茎上腋芽多萌发成匍匐茎，有的则萌发成为隐芽。当地上部分受损伤时，隐芽萌发成新茎分枝或匍匐茎。新茎的顶芽到秋季可形成混合花芽，成为主茎上的第一花序。新茎在生长后期下部产生不定根，翌年成为根状茎。

新茎分枝的形态与新茎相同，茎短缩，上部轮生叶片，基部发生不定根，新茎分枝的多少，品种间差别很大。条件适宜时其顶芽亦可分化成花芽，抽生出花序，是草莓栽培特别是设施草莓栽培后续产量的根本来源。新茎分枝可用来作繁殖材料繁殖幼苗，但由于其生活力弱，根系不发达，一般只在秧苗短缺及匍匐茎少的品种上应用。

(2)根状茎 草莓多年生的短缩茎叫根状茎，是一种具有节和年轮的地下茎。当年的新茎在翌年其上的叶几乎全部枯死脱落，上面可产生少量的不定根，内部也可贮藏营养物质供植株生长需要，在受到刺激时上面的隐芽抽生出新茎分枝或匍匐茎。3 年以上的根状茎分生组织不发达，极少发生不定根，并从下部向上逐渐衰亡。从外观形态上看，先变成褐色，再转变为黑色，内部的髓逐渐木质老化，其上根系随着死亡。因此，根状茎越老，其地上部及根系生长越差。

(3)匍匐茎 草莓匍匐茎(图 2-3)是由新茎的腋芽当年萌发形成的特殊的地上茎，茎细长柔软，节间长，是草莓生产用苗主要的繁殖来源之一。草莓的匍匐茎一般在坐果后期开始抽生，在花序下部的新茎叶腋处先产生叶片，然后出现第一个匍匐茎，开始向上生长，长到叶面高度时，逐渐垂向株丛少而光照充足的地方，沿着地面匍匐生长。多数品种的匍匐茎首先在第二节处向上发出新

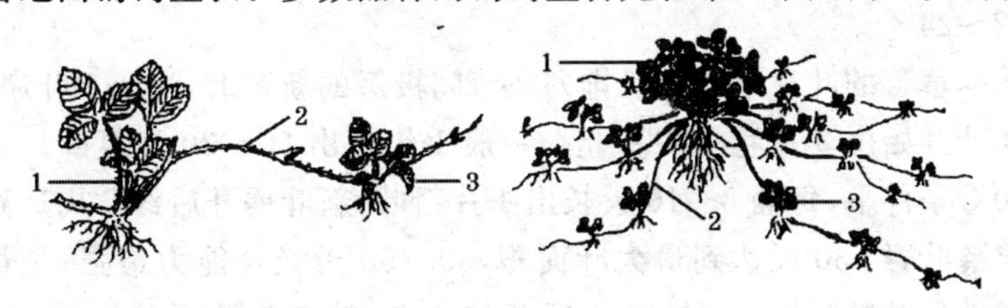

图 2-3 匍匐茎和匍匐茎苗

1. 母株 2. 匍匐茎 3. 匍匐茎苗

叶，转化为短缩茎，向下形成不定根。如果土壤湿润，不定根向下扎入土中后，即长成一株匍匐茎苗，一般在 2～3 周后子苗即可独立成活。随后在第四、第六、第八……等偶数节上发出匍匐茎苗。

匍匐茎奇数节上多为不发育的小型叶，只有少数品种，其奇数上的芽还能抽生匍匐茎分枝，在偶数节上形成匍匐茎苗，条件适宜时亦可发育抽生多次匍匐茎，形成多次匍匐茎苗。

一般匍匐茎的大量发生在浆果采收之后，早熟品种比晚熟品种早。产生匍匐茎早的植株，一次性匍匐茎的数量少，但能发生大量多次匍匐茎，产生匍匐茎晚的则相反。早发生的匍匐茎苗较大，靠近母株，晚发生的匍匐茎苗相反。

4. 草莓叶片有什么生长发育规律？在生产上有什么意义？

草莓的叶片为三出复叶，叶柄细长，一般 10～25 厘米，其上多生茸毛，叶柄基部与新茎相连的部分有对生的 2 片托叶，有些品种叶柄中下部有 2 片耳叶，叶柄顶端着生 3 片小叶，两边小叶对称，中间小叶形状规则，有圆形（长宽基本相等）、椭圆形（长比宽大）、长椭圆形（长明显大于宽）、菱形（叶边缘中部有明显的角，尖部叶缘直）等形状，颜色由黄绿色至蓝绿色，叶缘有锯齿，缺刻数为 12～24 个。

草莓的叶片呈螺旋状排列在节间极短的新茎上，为 2/5 叶序，新叶开始由 3 片卷叠在一起。一般 1 年长出 20～30 片复叶。在 20℃条件下，每隔 8～10 天长出 1 片新叶，新叶展开后约 2 周达到成龄叶，约 30 天达到最大叶面积，30～50 天光合能力最强，是最有效的叶龄时期；叶龄 50 天后开始衰老，其寿命平均 60～80 天，其中有效叶龄为 30～60 天。由于环境条件和植株营养水平的差别，不同时期发生的叶片，其形态、叶龄长短、叶片大小也有差别；

一般从坐果到采果前的叶片比较典型，能充分反映该品种的特性。秋季长出的叶片，有些寿命可维持 200 天左右。生长期间，每株草莓有 6～8 片功能叶，从心叶向外数到第三片至第五片叶光合效率最高。第七片以外的叶，叶龄超过 60 天的光合效率明显下降。

生产上可通过调节控制叶片的数量和叶面积来达到不同的目的。育苗期进行摘叶控叶处理来促进花芽分化，花芽分化后促进叶片生长有利于花芽的发育；在开花结果期要保持一定数量的功能叶，调整好地上部与地下部的关系，并定期摘除老叶、病叶，以减少养分消耗和病害的传播。

5. 草莓芽有什么生长发育规律？在生产上有什么意义？

草莓的芽可分为顶芽和腋芽。顶芽着生在新茎顶端，向上长出叶片和延伸新茎，当日平均温度降至 20℃左右，且每天的日照时间在 12 小时左右时，草莓开始由营养生长转为生殖生长，花芽开始分化，这个过程一直持续到日平均温度低于 5℃时。腋芽着生在新茎叶腋里，具有早熟性。草莓的花芽内不仅有花器官，还具有新茎雏形，萌发后在新茎上抽生花序。

6. 草莓花有什么生长发育规律？在生产上有什么意义？

大多数草莓品种的花为完全花，自花能结实。草莓的完全花由花柄、花托、萼片、花瓣、雄蕊和雌蕊几部分组成。花托是花柄顶端的膨大部分，呈圆锥形，肉质化，其上着生萼片、花瓣、雄蕊、雌蕊。花瓣白色，5～6 枚，萼片 10 枚以上，依品种不同萼片有向内或向外翻卷的特性。雄蕊30～40个，花药纵裂，雌蕊有200～400个，离生，呈螺旋状整齐地排列在凸起的花托上。

草莓花及花序构造如图2-4、图2-5。

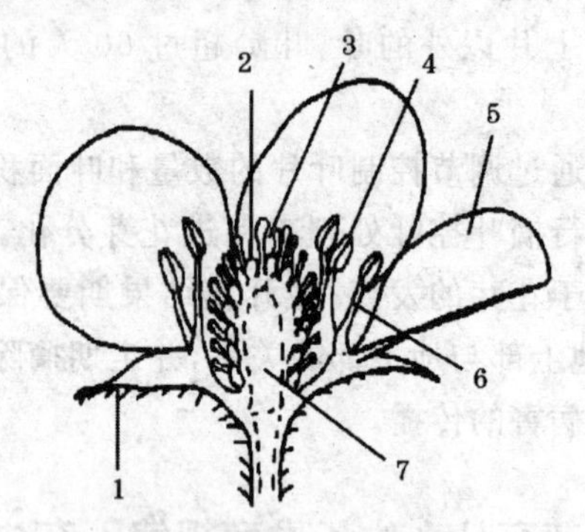

图2-4　草莓花的构造

1. 萼片　2. 子房　3. 花柱　4. 花药
5. 花瓣　6. 花丝　7. 花托

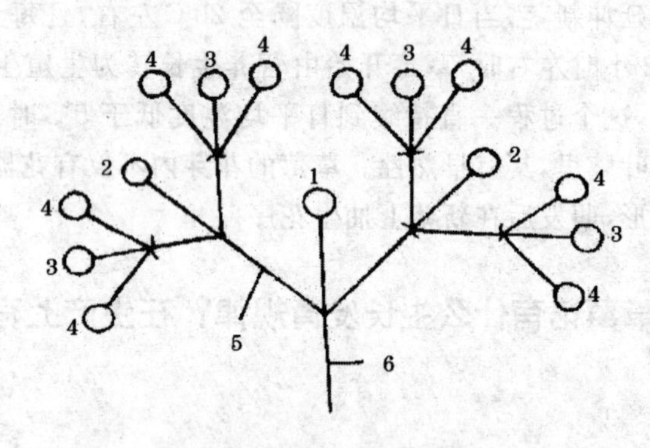

图2-5　草莓各级花序示意图

1. 第一级花序　2. 第二级花序　3. 第三级花序
4. 第四级花序　5. 小花序柄　6. 花序柄

草莓不同品种间花序分枝变化较大，多为二歧聚伞花序（图2-5）。花轴顶端发育成花后停止生长，为一级序花；在这朵花苞间生出两等长的花柄，形成二级序花。依次类推，形成三级序花、四级序花。由于品种、环境条件和营养水平的差异，在花芽形成过程中，在应该形成花的部位未形成花，造成多种花序分枝形式，形成数量不等的花朵数，一般1个花序着生8～20朵花。草莓花序的高度因品种不同有高于叶面、等于叶面和低于叶面3种类型，一般花序低于叶面的品种，由于受到叶面的遮盖，不易受晚霜危害，但由于接受阳光较少对上色不易的品种会受到影响，在生产上可用挡叶的方法来调节。

当外界温度在10℃以上时，草莓开始开花。开花时首先是萼片绽开，同时花瓣展开，然后开裂花药落在雌蕊柱头上，此期的温度直接影响花药开裂，花药开裂的适宜温度为13.8℃～20.6℃，花粉发芽适宜温度为25℃～30℃，花期空气相对湿度在40%左右有利于花粉发芽。花粉在开花后2～3天内生命力最强。当花期温度在0℃以下会使柱头受害变黑，失去授粉受精能力，成为无效花。温度大于33℃影响花粉发育。特别在保护地栽培中应注意采用保温、降湿和放蜂等措施来减少畸形果的发生。

7. 草莓果实有什么生长发育规律？在生产上有什么意义？

草莓的果实是由花托膨大形成的，在植物学上叫聚合果，栽培上叫浆果。果实由外部皮层和内部肉质髓部组成。髓部由维管束与嵌在皮层中的种子相连。成熟的草莓果实颜色由橙红色至深红色，果肉颜色多为白色、橙红色或红色。果实的形状有球形、扁球形、短圆锥形、圆锥形、长圆锥形、短楔形、楔形、长楔形、纺锤形等。

果实由细胞分裂使细胞数增加和细胞本身的膨大而形成。草莓果实细胞分裂时期是从花蕾期至开花或谢花期，分裂盛期在开花期。谢花以后，细胞数目的增加幅度稳缓且减少，没有再分裂增殖迹象，以后草莓果实主要依靠细胞体积的膨大而生长。

从果实的外部生长看，草莓开花后的 15 天果实生长比较缓慢；在此之后的 10 天内果实急剧膨大，每天平均增重 2 克左右，而后再次缓慢生长，直至开花后的 32 天开始进入成熟期，生长亦告停止，草莓果实的生长周期呈典型的 S 形。

影响果实发育的主要环境因子有：

(1)温度 果实发育受温度影响较大。温度低，从开花至成熟所需时间长，果个大，品质较好；温度高，果实发育时间短，果小早熟。昼夜温差也是影响果实发育的因素，昼夜温差大，光合产物积累多，呼吸消耗少，形成果个大、品质好的果实。

(2)光照 果实发育需要充足的光照。光照充足，光合作用旺盛，同化效率高，碳水化合物向果实供应较多，果实迅速膨大，促进果实发育。在果实成熟期如遇阴雨天气，果实中糖分的含量和维生素 C 含量会明显降低，影响果实的品质。

(3)土壤水分 草莓鲜果中水分含量一般为 88%～93%，土壤水分充足，果实膨大快，果面光滑有光泽，果实柔软多汁，品质好；水分不足，果实干瘪无光泽，皱缩，果个小。

8. 草莓种子有什么生长发育规律？

草莓的种子呈螺旋状排列在果肉上，在植物学上称为瘦果。种子长圆形，为黄色或黄绿色。不同品种种子在浆果表面上嵌生深度也不一样，或与果面平，或凸出果面，种子凸出果面的品种一般耐贮运。一般而言，浆果上种子越多，分布越均匀，果实发育越好。如果浆果某一侧种子发育不良，就会导致浆果畸形。

草莓种子的发芽力一般为 2～3 年。生产上一般不用种子繁殖，主要是由于种子繁殖成苗率低，前期幼苗弱小，后代性状分离严重，难以保持母株原有的优良性状。种子繁殖仅用于杂交育种、远距离引种或某些难于获得营养苗的品种。

9. 什么是物候期？草莓有哪些主要的物候期？

在一年中草莓植株的生长发育随着季节性变化，其外部形态和内部生理生化特性也发生显著变化，并且每一时期的生长发育有其侧重点，这种与季节性变化相吻合的时期称为物候期。草莓的物候期可分为生长期和休眠期。生长期是指从春季生长开始至秋季休眠时结束。休眠期是指秋季草莓休眠开始至翌年萌芽为止。生长期又分几个主要的物候期：营养生长旺盛期、花芽分化期、开始生长期、开花结果期等。物候期的划分是人们为观察记录与生产的需求，根据每一阶段主要的变化而人为划分的。各物候期是一个有机的整体，互为基础，相互制约，相互联系，按着一定时间有规律地依次进行。

10. 草莓休眠期有什么生长特点？对草莓生产有什么意义？

露地自然条件下，草莓进入日照短、温度低的秋季，新出叶变小，叶柄、叶身变短，整个植株呈矮化铺地状态，此状态经过冬季一直持续到温度回升的春天，这就是草莓休眠期。草莓休眠是为避免冬季低温的冻害而形成的一种自我保护性反应。与其他果树不同，草莓植株进入休眠后，生长发育并未完全停止。即使处于自然休眠状态的植株，如果给予适合其生长发育的环境条件（如温室），植株仍然可以开花结果，但它的矮化状态并未解除，花序抽生得短，花朵数少，果实小，产量极低。在生产上只有改变这种状态才可获得优质高产的果实。

多数植物植株休眠可分为 2 个阶段，即自发休眠（自然休眠）

和他发休眠(被迫休眠)。自发休眠时植株需要一定的低温积累(即需冷量),如未满足其低温要求,即使在合适的环境条件下,也不能正常生长发育,不能解除休眠状态;他发休眠是植株需冷量已经满足,但由于不适宜的环境条件导致植株不能进行生长发育而呈被迫休眠状态。草莓开始休眠的时期因不同地区、不同品种而不同,一般为9月下旬至10月中旬,11月份休眠最深。品种间休眠的深浅存在差异,通常以自发休眠所需5℃以下低温的累积(低温需求量)来衡量。低温需求量在100小时以下的品种为浅休眠品种(短低温品种),100～400小时为中等休眠品种,400小时以上为深休眠品种。寒冷地区品种种植在低温不足的温暖地带,其开花结果与四季性品种极为相似。草莓品种低温需求量满足后,北方地区可采用设施进行加温或升温以进行促成或半促成栽培。诱发自发休眠的环境因素主要是短日照和低温,其中短日照影响比温度更大。内在因素为植株细胞分裂素、生长素、赤霉素类物质减少,淀粉等碳水化合物增加。

在草莓设施栽培中,栽培者可在12月中下旬,采用电照补光来延长光照时数,补充自然光照不足,使植株在经过一定程度低温后解除休眠。生产中,在覆膜后的2周内喷2次(间隔7天)8～10毫克/升赤霉素溶液,每次每株5毫升,可有效地抑制草莓休眠。

但草莓比较特殊的是花芽分化后,如果环境条件合适,草莓植株生长可以不进入休眠状态,继续生长发育并开花结果。生产上进行保护地栽培时,在10月中下旬(日平均温度10℃)将浅休眠的丰香、女峰等品种提早覆膜、保温,2～3天内昼温达30℃,以后保持温度25℃、空气相对湿度40%～60%,达到防止植株进入休眠、提早采收的目的。

11. 草莓开始生长期有什么生长特点？对草莓生产有什么意义？

春季当地温（地下 15 厘米处）稳定在 3℃～5℃时，上一年秋季形成的根系便开始伸长生长。随着地温升高，逐渐发出新根。当根系生长 7 天左右，茎顶端开始萌发，先抽出新茎，以后陆续抽出新叶，采用地膜覆盖的草莓，一部分叶片越冬后仍保持绿色，可进行光合作用，随着新叶长出，越冬叶片（老叶）逐渐枯死。草莓早春的生长发育主要依靠植株的贮藏养分，因此在生产上加强上一年秋季管理，增加植株的贮藏养分对草莓春季生长发育显得特别重要，同时春季灌水、施肥对植株的生长、开花、结果有着重要的作用。不同地区草莓生长开始的时间不同，江苏南京地区为 2 月下旬，河南郑州地区为 2 月底至 3 月上旬，河北保定地区为 3 月中旬，辽宁沈阳地区为 3 月下旬。

12. 草莓开花结果期有什么生长特点？对草莓生产有什么意义？

春季当新茎已展开 3 片叶，在第四片叶未全伸出时，花序便从第四片叶的叶鞘里显露出来，随后花序伸长、现蕾、开花。一般单花从花蕾显露至花朵开放需 15 天左右。草莓开花期随地区、品种、栽培方式而不同，露地条件下：江苏南京地区为 4 月上旬，河南郑州地区为 4 月上中旬，河北保定地区为 4 月中旬，辽宁沈阳地区为 5 月上旬。花期一般持续 20 天左右。在一个花序上，第一朵开放形成的果实已成熟，而最后的花还在开放，因此草莓的花期与结果期很难截然分开。就一朵花而言，从开花至果实成熟需 1 个月左右的时间。在花期叶数及叶面积迅速增加，同化作用加强，在第三级花序果成熟前后，植株体积及产量增加达到第一次高峰。

此期的开始阶段，即现蕾初花时根系生长达到第一个高峰，后随着花量的增加与果实的迅速生长，根系生长缓慢，生产上要加强调节，以增加后期产量。露地栽培的草莓园，果实成熟期也随年份、地区、品种而有差异，一般来说江苏南京地区为5月上旬，河南郑州地区为5月中旬，河北保定地区为5月下旬，辽宁沈阳地区为6月上旬，成熟期可持续20天左右，此时已有少量匍匐茎开始发生。

13. 草莓营养生长旺盛期有什么生长特点？对草莓生产有什么意义？

一般6～9月份草莓果实采收后，在长日照和高温条件下，植株开始旺盛的营养生长，腋芽萌发产生大量的匍匐茎，并按一定顺序向上长叶，向下扎根，形成新的幼苗，少数腋芽形成新茎分枝，新茎基部相继发根成苗。此时是育苗的主要季节。匍匐茎苗扎根后生长迅速，叶片数目不断增多，根系进入第二次生长高峰。

在炎热的夏季，匍匐茎生长缓慢，需通过喷水、遮荫、帮助幼苗越夏进入秋季。在营养旺盛生长期，生产上常用水肥调控、断根、假植、盆钵育苗等方法来提高匍匐茎苗的质量。

14. 草莓花芽分化期有什么生长特点？对草莓生产有什么意义？

草莓经过旺盛生长后，在秋季开始花芽分化，一般在较低温度(平均温度24℃以下)和短日照(日照12.5～13.5小时)条件下经过10～15天的诱导开始花芽分化。低温对形成花芽的影响较短日照更为重要，但温度过低(5℃以下)会使花芽分化停止，温度过高(27℃以上)花芽分化也不能进行。一季性草莓品种顶花芽开始分化的时间(依品种、地区不同而不同)一般在8月下旬至9月下旬,而第二花序(侧花芽)的花芽分化是在顶花芽分化完成后的25～30天才开始,就顶花序而言从开始分化至花器官形成需要1个月左右时间,自然条件下从顶花序开始分化至第四花序分化完成需要9个月的时间(当年9月份至翌年5月份),其中12月份至翌年2月份的冬季花芽发育缓慢。促成栽培中除温度、日照影响花芽分化外,植株本身的营养状态(特别是碳素营养和氮素营养)也影响花芽分化时期,生长势中庸的植株比生长势旺盛的植株花芽分化早,含氮高的植株比含氮低的花芽分化期推迟7～10天。

日中性品种从春季至秋季均能开花结果,其花芽分化与日照长度无关,无论是在短日照条件下还是长日照条件下,都能进行花芽分化。

为了促进花芽分化,生产上常用断根、假植(8月下旬至9月上旬)、遮雨棚等方法控制植株的水分和氮素营养,提高幼苗的质量;通过遮光、高山育苗、低温、夜冷处理等方法,可控制日照和温度,满足草莓对短日照和低温的要求,达到促进花芽提前分化和发育。

15. 草莓对温度有什么要求?在生产上如何调控?

草莓对温度的适应性较强,喜温暖、怕炎热,栽培品种多不耐严寒。草莓不同器官,在不同生长发育阶段,对温度的要求也不同。

(1)根系对温度的要求 在地温2℃时根系开始活动,10℃时形成新根,根系最适温度为15℃～20℃;冬季当地温降至－8℃时,根部受到危害。在北方保护地栽培时,地温低是主要问题之一。特别是气温高、地温低时,会使根系过早变黑而失去功能。原因是地上部温度较高,蒸腾和呼吸作用都较旺盛,但由于地温较低，根的生长、吸肥、吸水能力相对较差，肥水的供应不足影响了地上部生长，地上部生长较差又反过来影响根系，使根的活动能力更差。所以，在北方地区，利用高垄或高畦、地膜覆盖、采用滴灌而避免漫灌等方法都是提高地温的有效措施。

(2)地上部营养生长对温度的要求 温度在5℃时地上部开始生长，如遇－4℃低温则受害，－8℃时则会出现死株现象。叶片进行光合作用的适温为20℃～25℃，30℃以上时光合作用下降。在生长季节，若温度高于38℃，草莓生长受到抑制，不发新叶，老叶出现灼伤或焦边。所以，在夏季，特别是南方地区，应采取遮荫、灌水等措施，使草莓安全越夏。温度较高时假植或定植也需遮荫。植株抽生匍匐茎需在较高温度和一定程度的长日照条件下进行。温度低于10℃，日照时间再长，也不发生匍匐茎；在相反条件下，当日照8小时以下时，温度再高照样不发生匍匐茎。当日照12小时以上时，随着日照时间增加，匍匐茎发生增多。

(3)开花坐果与温度的关系 草莓花在平均温度达10℃以上时即能开放。温室或大棚栽培时，早晨花瓣即张开，数小时后花药开裂。露地栽培情况下，温、湿度适宜时，早晨开花后，花药能马上开裂。晴天气温高、空气干燥，花粉容易传播。授粉受精的临界温度为11.7℃，适宜温度为13.8℃～20.6℃。花粉发芽以25℃～27℃为最好，20℃或35℃时，也有50％的花粉能发芽。花期温度较低，花瓣不能翻转，花药开裂迟缓。温度低于10℃或高于40℃，影响授粉受精，导致畸形果。北方地区温室栽培，花期一定要注意保温。南方温暖地区，塑料大棚内温度绝对不能超过40℃。

(4)果实生长与温度的关系 果实的生长发育与成熟除受品种与栽培方式影响外，也与温度有一定关系。一般情况下，温度低，果实生长期延长，成熟晚，但利于果个增大，干物质的积累。温度高，成熟快，但果个相对较小，品质变差。生产上，促成、半促成栽培在温度管理上倾向于偏高。

(5)花芽分化与温度的关系 一季型草莓花芽分化需在低温、短日照条件下进行。花芽分化时,对低温、短日照的需求又是相对的。30℃以上高温不能形成花芽;9℃低温经 10 天以上即可形成花芽,这时与昼长无关;温度 17℃～24℃时,只有在 8～12 小时昼长的条件下,才能形成花芽。高纬度地区,花芽分化的温度为 17℃～24℃,很早就能满足,但是,因为白昼时间长,花芽迟迟不分化。这时,长日照是限制因素。在低纬度地区,进入秋季后,尽管昼长已满足了花芽分化需要,但是,由于温度高,花芽也不开始分化,此时高温又成了限制因素,这也是我国南方地区难以获得优质草莓苗的根本原因。生产上,为了促进花芽提早分化,常采用高寒地假植、低温冷藏、遮光处理等措施。

(6)休眠与温度的关系 露地草莓在秋天低温(5℃以下)短日照条件下进入休眠。休眠开始的时间因地区、品种不同而存在差异,以植株出现矮化现象作为标志,一般在 10 月中下旬。当植株满足了一定的低温需求后,在条件适宜的情况下,解除休眠,开始正常的生长发育,低温是诱导和通过休眠的主要环境因素。

促成栽培为防止植株进入休眠,要进行保温、补充光照、喷植物生长调节剂等处理。半促成栽培,为打破休眠,要进行低温、短日照处理。其中低温是打破休眠的主要因子。打破休眠所需的低温量因品种不同而有差异。休眠浅的品种,如丰香,5℃以下经 50～70 小时即可打破休眠。休眠中等的品种,如宝交早生,打破休眠约需 5℃以下低温 450 小时。休眠深的品种,如盛冈 16,需 5℃以下低温 1 300～1 400 小时才可打破休眠。一般情况下,促成栽培宜选用休眠浅或较浅的品种,半促成栽培宜选用休眠中等或较深的品种,北方寒冷地区露地栽培宜选用休眠深的品种。

16. 草莓对光照有什么要求?在生产上如何调控?

草莓是喜光植物,但也比较耐阴。光照对草莓的影响主要是光照强度、光谱成分、光照长短等。

(1)光照与光合作用 光照充足,草莓叶片光合作用强,植株生长旺盛,叶片颜色深,花芽发育好,能获得较高产量。光照不足时,光合作用弱,植株长势弱,叶柄及花序梗细,叶色较浅,花朵小,有的甚至不能开花,果实小,产量低,果实颜色差,成熟期也延迟。在覆盖条件下,草莓越冬叶片仍可保持绿色,翌年春季能进行正常的光合作用,对提高前期返绿效果、增加产量非常明显。

在一定光照强度的范围内,随着光照强度增加,草莓的光合作用加强。当光照强度再增加,光合作用强度却不增加时的光照强度称光饱和点。不同作物的光饱和点不同。草莓的光饱和点为20 000～30 000 勒,草莓的光补偿点为 5 000～10 000 勒。在二氧化碳浓度不同时光饱和点和光补偿点也发生较大变化,一般在一定的范围内提高二氧化碳浓度,光补偿点降低,而光饱和点升高。草莓是能在光照较弱条件下达到饱和点的作物。从这点来看,草莓适合进行保护地栽培和间作。在保护地内,由于塑料薄膜覆盖的影响,光照强度比露地弱,特别是在冬季,塑料棚内光照强度较低,一般为 5 000～15 000 勒,草莓虽然正常生长发育,但是,如能采取补光措施,将光照强度补到 25 000 勒,不仅能促进花粉发育,而且能提高整个植株的生长发育状况。

(2)光照与花芽分化 一般草莓品种是短日照植物,在夏末秋初日照变短、气温变低的条件下才能形成花芽。在短日照条件下,温度 17℃～24℃均能进行花芽分化,温度高于 30℃或低于 5℃时,花芽分化停止。有的草莓品种为长日照植物,在 17 小时长日照条件下比 15 小时日照能形成更多的花芽,在 13 小时日照条件下,形成花芽数量很少或根本不形成花芽。还有一类草莓,对日照长短不敏感,在各种日照条件下都能形成花芽,这类草莓被称为"光钝感草莓"或"日中性草莓",生产上称为四季草莓。

(3)光照与花粉发芽率 光照不足,花粉发芽率降低。冬季在塑料棚内，开花期若连续 3 天是晴天，花粉发芽率能达到 82.5%；若连续 3 天是阴天，花粉发芽率为 62.5%。从上述数字可以看出，光照影响花粉发芽率，但对生产影响有限。

17. 草莓对水分有什么要求？在生产上如何调控？

草莓根系要求土壤有充足的水分和良好的通气条件。由于草莓根系分布浅，叶面蒸腾耗水量大，花序果实的生长发育也需消耗大量水分。据测定，促成栽培的草莓从 9 月 25 日至翌年 5 月 15 日，1 株草莓的吸水量为 15 升。在缺水时根系生长受阻，老化加快，吸收能力减弱，严重时干枯死亡。土壤缺水还会提高土壤盐溶液的浓度而导致根系中毒、发黑、死亡。因此，草莓根系对水分的要求很高，耐干旱能力差。栽培草莓的土壤一年四季需保持湿润状态。但过多的水分会导致土壤通气性不良，根系呼吸作用及其他生理活动受阻，加速初生根木质化，易感根腐病、萎蔫病而死亡，江南地区 6～7 月份高温梅雨期常出现这种情况，需及时排水防涝。草莓不同发育阶段需水状况不同，秋季定植苗时，要供应充足的水分，保持土壤湿润。开花期对水分敏感，要求空气相对湿度为 40%～60%，空气湿度过高，花药不能裂开；土壤水分则需保持田间最大持水量的 70%～80%。果实发育期需水量最多，土壤水分充足时，果实膨大快，有光泽，果汁多，果实接近成熟时，适当控水，可提高糖度、硬度和着色。

草莓喜湿不耐涝，生长期灌水时，一般小水勤灌，以防止病害的发生。整个休眠期也需要保持一定的土壤含水量以增加草莓抗冻能力，防止草莓发生冻害，所以越冻前当温度下降至－3℃、表土出现夜冻昼消时应进行越冬水的灌溉。

18. 草莓对环境空气有什么要求？在生产上如何调控？

无公害草莓标准化生产产地环境空气质量应符合表 2-1 的规定。

表 2-1 无公害草莓产地的环境空气质量要求

项　目	浓度限值	
	日平均	1 小时平均
总悬浮颗粒物(标准状态)/(毫克/米³)	≤0.30	—
氟化物(标准状态)(微克/米³)	≤7	≤20

注：日平均指任何一日的平均浓度；1 小时平均指任何一小时的平均浓度

(摘自中华人民共和国农业行业标准 NY 5104—2002《无公害食品　草莓产地环境条件》)

在草莓设施栽培时，二氧化碳显得特别重要。二氧化碳是光合作用的原料，当二氧化碳浓度为 0.036%时，光饱和点为 20 000～30 000 勒。若将二氧化碳浓度增至 0.08%时，即使光强 6 万勒也达不到光饱和点。清晨大棚内二氧化碳浓度比棚外高出 0.15%，棚外大气中二氧化碳浓度约为 0.03%，这有利于草莓进行光合作用。棚内的二氧化碳主要是由土壤向外扩散的结果。白天随着温度的升高，光照的加强，棚内二氧化碳浓度迅速降低，一般在 15℃～20℃条件下，棚内二氧化碳浓度在日出后 2 小时内即可低于棚外二氧化碳浓度。施用二氧化碳气肥使其浓度保持在 0.037%，草莓产量可提高 1.5 倍左右。生产上在保温前提下，无论天气好坏，中午都需适当通风。

草莓对有害气体很敏感，过多的氮肥及未腐熟的有机肥，由于微生物活动积蓄大量的铵态氮，会引起氨气障碍。生产上设施栽培时，发现施氮肥过多、棚内密闭、温度过高时，会发生叶片焦灼的“肥害”症状。

19. 草莓对土壤有什么要求？在生产上如何调控？

草莓对土壤的适应性非常强，几乎可在各种土壤上生长，但要实现优质高产的草莓商品性栽培，则以土壤质地疏松肥沃、通气良好、保肥水能力强、有机质含量高的沙壤土最好。草莓对土壤的要求主要有土壤质地、土壤酸碱度、土壤成分类型等多个方面。

我国南、北方的一些草莓产区，既有在壤土、沙壤土上种植成功的，也有在黏土、沙土上丰产、稳产的经验。地下水位应在 1 米以下。地下水位较高的地块，必须起高垄或筑成台田栽植。一般来说，沼泽地、盐碱地不适于栽植草莓，这类土壤只有通过多施有机肥、客土、洗盐、排水等措施改良后，才能栽植草莓。

草莓无公害标准化生产应选择土层较深厚，质地为壤质，结构疏松，呈中性反应，有机质含量在 15 克/千克以上，排灌方便的土壤上进行，土壤的环境质量应符合表 2-2 的规定。只有在这样的土壤上植株才能生长良好，否则植株长势弱，易早衰，株间差异大，果实大小不一，难以实现商品生产。在生产上对计划种植草莓的地块要施足有机肥后，深翻改土。

土壤的 pH 为 5～8 时，草莓根系及地上部分才可以生长良好。但草莓最适的土壤在酸碱度为 pH 5.5～6.5。pH 小于 4 或大于 8.5 时，会出现生长障碍。在酸性土壤中草莓根系表现粗短、弯曲、先端发黑、侧根萌发少、根系吸收作用受阻。草莓对土壤碱性很敏感，在无灌溉的干旱地区，不宜在碱性土壤上种植草莓。

草莓所吸收的养分中，除碳、氢、氧外，绝大多数来源于土壤，根据试验证明，每生产草莓 100 千克，需氮 0.92 千克、磷 0.19 千克、钾 1.08 千克左右。在不同时期对营养的需求不同，一般吸收

表 2-2　无公害草莓产地的土壤环境质量要求

项　目	含量极限		
	pH<6.5	pH 6.5～7.5	pH>7.5
总镉(毫克/千克)	≤0.30	≤0.30	≤0.60
总汞(毫克/千克)	≤0.30	≤0.50	≤1.00
总砷(毫克/千克)	≤40	≤30	≤25
总铅(毫克/千克)	≤250	≤300	≤350
总铬(毫克/千克)	≤150	≤200	≤250

注:本表所列含量限值适用于阳离子交换量>5 厘摩/千克的土壤,若≤5 厘摩/千克,其含量限值为表内数值的半数

(摘自中华人民共和国农业行业标准 NY 5104—2002《无公害食品　草莓产地环境条件》)

高峰出现在果实膨大期和果实采收期。在花芽分化前和开花坐果期增施磷、钾肥,能促进花芽分化,提高果实品质。草莓不耐盐碱,易发生盐类浓度障碍。春香和宝交早生等品种,对速效化肥特别敏感,因此基肥中多施速效化肥是很危险的。另外,在促成栽培中,基肥过猛有可能推迟侧花芽分化,甚至出现侧花芽不能分化,而分生出大量分枝的现象。在生产中应根据土壤成分确定合适的水肥措施,方可实现草莓的商品化栽培。

三、草莓生产上的主要品种

1. 当前生产上所用的草莓品种主要有哪些类型?

在长期的栽培过程中,已培育出 2 000 多个草莓品种,而且新品种还在不断涌现,生产上应用的品种有 400 多个,但大面积栽培的品种仅有几十个。目前我国生产上栽培的品种多来自国外,但近年来,我国多家单位加大了品种选育力度,已选育出一批适合不同栽培方式的优良品种。根据草莓对光周期反应及结果时期的不同,可将草莓栽培品种分为 3 个不同的类型:短日照的一季结果型,长日照的二季结果型和日中性的连续结果型。表现光周期反应的重要形态特征是植株的花芽分化过程。目前,生产上广泛栽培的品种是短日照的一季结果型品种,其花芽分化是在低温、短日照条件下进行的,大致的温度是 17℃以下,光照长度为 12 小时左右。另一品种类型是日中性草莓,也称为四季草莓,这种类型的草莓品种其花芽形成不受日照长度的影响,在一年生长周期中,花芽可以连续不断地形成,结果也不断地发生。但是为了保证果个不变小,满足植株连续结果的营养供应,通常采取一些必要的栽培措施,控制植株在一年中的结果次数。由于日中性品种在夏秋季可以连续开花结果,从而有效调节草莓鲜果供应周期,满足消费者对鲜果的需求。该类型品种在我国部分地区特别是东北地区已有发展,预计未来栽培面积将会进一步增加。

2. 选择草莓品种应考虑哪些问题?

草莓品种多样,每个品种都有各自的遗传基础,具有一定的栽培性状，只有在合适的条件下才能表现出该品种的优良性状，获得最大效益。生产者对鲜食品种的一般要求为果实大、颜色鲜艳、果形正、硬度高、风味好、丰产性能强、抗病性好的品种，但这种“十全十美”的品种目前尚未出现。生产上栽培面积较大的品种从引入来源地分为日本品种、欧美品种和国内育成的品种这 3 类。日本品种由于普遍具有香味浓、风味好而深受消费者的喜爱，但果实较软、不耐贮运、抗病性差、果个和丰产性能一般，此类品种以丰香为代表。欧美品种具有果实大、颜色鲜艳、果形正、硬度高、丰产性能强、抗病性好而受生产者喜爱，但往往硬度大、酸味稍重而风味不如日本品种。国内育成的品种由于优良特性不突出和推广力度不够，栽培面积较小。另外，草莓品种的选择除考虑品种优质高产、抗病性强、适应性广等要求外，还应注意以下几点。

(1)市场定位 从目前市场来看，消费者主要喜欢两种鲜食草莓产品：一是风味甜、糖度高、酸度低、有香味的草莓品种（主要是日本品种）。二是果个大、耐贮运、着色好、风味酸甜的草莓品种（主要是欧美品种）。目前，国内两种产品都有生产。除鲜食品种以外还有专供加工、速冻的品种或用于制汁、制酱、制酒的品种，用于加工时，要选择果肉色泽深、汁液丰富、糖酸含量高的品种，如卡麦罗莎、宝交早生、全明星、索非亚等；用于速冻时，宜选择果个整齐、大小一致、颜色鲜艳、着色均匀、韧性较好的品种，如森加森加纳、美 6、哈尼等；在以鲜食为主时，应重点考虑果实的风味和果实大小。就近销售的，应把品质放在第一位，远距离销售要考虑硬度、果形、果个大小、色泽等问题。

(2)栽培方式 在设施栽培中，采用早熟促成栽培时，应选择休眠浅的品种，如甜查理、红颜、丰香、幸香等；半促成栽培一般选择休眠较浅、中等或较深品种，如达赛莱克特、全明星等。有些休眠中等的品种既可作露地栽培，也可作保护地栽培。如果品种选择不当，会出现营养生长过旺，开花结果少的现象或者因品种的需冷量不足，植株矮小，茎叶生长少，花果小等现象。

(3)适应性 不同的品种在不同的气候、土壤条件下，表现不一样，因此需要选择适应本地区、表现最优的品种。有些品种在寒地表现好但在温度高的南方则表现差。南方地区冬季时间短，温度相对也高，夏季高温、高湿，应选择暖地品种，如甜查理、春香、宝交早生、枥乙女、幸香等。北方地区一般选择休眠期长的耐寒品种，如弗杰尼亚、全明星、达赛莱克特等。在草莓老产地，还应考虑品种的抗病性、耐重茬性等问题。

(4)品种搭配 在栽培面积50公顷以下的一般考虑2～3个品种，以便能规模上市，形成品牌；在成千上万公顷的栽培面积时，应考虑早、中、晚品种的搭配，这样既能应对上市时期，又能合理调节人力、物力。草莓虽然能自花授粉结实，但搭配1～2个授粉品种可增大果个，提高单果重。除配置授粉品种外，人工授粉或放蜂是增大果个、减少畸形果、提高果实品质不可缺少的措施。除鲜食品种外，还应发展加工专用型品种，以利草莓产业链的形成。

3. 草莓主要的鲜食品种有哪些？

(1)欧美鲜食品种

①甜查理 美国品种。果实形状规整，圆锥形或楔形。果面鲜红色，有光泽，果肉橙色并带白色条纹，含可溶性固形物7%，香味浓，味甜，品质优。果实硬度中等，较耐贮运。一级序果平均单果重41克，最大果重达105克，所有级次果平均单果重17克。丰产性强，平均单株产量达500克以上，每667米^{2}产3 000千克以上。抗灰霉病、白粉病和炭疽病，但对根腐病敏感。休眠期短，早熟品种，适合我国南、北方多种栽培形式栽培。

②吐德拉 西班牙品种。果实大，大果率高，呈长圆锥形或长楔形，一级序果平均单果重45克，最大果重达98克。果实外观好，鲜亮红色，有光泽，含可溶性固形物7%～9%，酸甜适中，硬度

大,耐贮运性强。丰产性强,单株产量60～300克,每667米^{2}产2 000～4 000千克。植株生长健旺,繁殖力、抗逆性强,株型大,叶片多,深绿色,花序平于叶面,抽生能力强,大多呈单枝,无分枝。对草莓的主要病虫害抗性强,较丰香抗灰霉病和白粉病。休眠期短,早熟品种,适合我国南、北方多种栽培形式栽培。

③达赛莱克特　法国品种。果实圆锥形,果形周正整齐。果实大,一级序果平均单果重35克,最大果重65克。果面深红色,有光泽,果肉全红,质地坚硬,耐远距离运输。果实品质优,味浓,有香味,酸甜适度,含可溶性固形物9%～12%。丰产性好,一般单株产量300～400克,保护地栽培每667米^{2}产3 500千克,露地栽培每667米^{2}产2 500千克左右。植株生长势强,株形较直立,叶面多而厚,深绿色。适合露地、温室和拱棚半促成栽培。该品种具有果皮及果肉颜色全红、糖酸度大、硬度大、耐贮运性好等加工品种的特点,可作为鲜食加工兼用品种。

④卡麦罗莎　美国品种,又名童子一号、美香莎。果实长圆锥形或楔形,果形整齐,果面平整光滑,有明显的蜡质光泽,外观艳丽。一级序果单果重35～45克,最大果重100克。果肉红色,细密坚实,硬度大,耐贮运,酸甜适宜,香味浓。丰产性强,保护地条件下,连续结果可达6个月以上,每667米^{2}产量可达3 500～4 000千克。适应性强,抗灰霉病和白粉病。休眠期短,开花早,适合我国南、北方多种栽培形式栽培。由于该品种具有颜色深红、糖酸度大、硬度大、耐贮运性好等加工品种的特点,同时又有果个大、产量高、抗性强等优点,在生产上可作为鲜食加工兼用品种进行栽培推广。

⑤钙维他　美国品种。果实圆锥形,果面鲜红色,有光泽,味甜,品质优。果实硬度中等,较耐贮运。单果重26～28克。丰产性强。抗白粉病和炭疽病。休眠期短,早熟品种。综合性状超过卡麦罗莎。

⑥**全明星** 美国品种。植株生长势强，株形直立，株冠大，叶椭圆形，较大，深绿色，有光泽，叶脉明显，每株有花序2～3个，花序梗直立，低于叶面，种子黄绿色，凸出果面。早熟品种，果实圆锥形，橙红色，果个大，平均单果重16.3克，最大果重40克。果形整齐，有很强光泽，果实外观评价好，风味酸甜适中，有香味，鲜食品质上等，含可溶性固形物8.7%，耐贮运性强，丰产。适合鲜食，也可加工制酱，果实冷冻后仍能保持良好的颜色和品质。抗叶斑病和黄萎病，休眠深，需5℃以下低温500～700小时，适合露地和保护地栽培。

⑦**弗杰尼亚** 西班牙品种，又名弗吉尼亚、杜克拉，有人认为该品种即为常德乐(Chandler)。早熟品种。植株长势较强，株形开张。叶片中等大小，圆形，黄绿色，光泽中等，叶柄中部有耳叶。匍匐茎粗度中等。繁殖系数中等。两性花，花序梗中等粗，斜生，低于叶面。果实大，一级、二级序果平均单果重17克，最大果重50克。果实圆锥形，红色，具光泽，果面平整。略有种子带。果肉橙红色，髓心较大、浅红色、心空。味较淡，有少量香气，含可溶性固形物10%，糖0.81%。品质中上等，果皮较厚，果实硬度大，耐贮运。丰产性好，适合促成或半促成栽培。

⑧**安娜** 西班牙品种。亲本不详，1993年从西班牙引入北京市和辽宁省东港市，引入我国后在辽宁、吉林等地有栽培，主要作为资源保存。植株长势强，株形开张，叶片大而厚，椭圆形，叶柄较短，浅绿色，茸毛少，叶深绿色且有光泽。花托大，花序梗粗，斜生，低于叶面。果实大，一级序果平均单果重25克，最大果重50克，果形为钝圆锥形、楔形等，果面浅红色至深红色，表面平整，种子分布均匀，黄绿色。果肉浅橙色至浅红色，肉质脆硬。甜酸适中，香气淡。髓心大，红色。果实硬度大，耐贮藏。

⑨**高斯克** 加拿大品种。中早熟品种。综合性状极佳，品质好，香味浓，一级序果平均单果重24克，最大果重32克。果

实圆锥形，红色，果面平整，光泽强，果实外观评价好，含可溶性固形物8.5%。果实硬度高，极耐贮运。较丰产，一般每667米^{2}产1000～1500千克。适合大棚、小拱棚及露地栽培。

⑩常德乐　美国品种，1983年定名。果实大，长圆锥形至长平楔形，果面有光泽，果面与果肉同色。果实维生素含量高、品质优、硬度大、耐贮运，适合鲜食和加工。早熟品种。植株半直立，匍匐茎多。

⑪温塔娜　短日照早熟品种，植株生长势旺盛。高产，尤其前期产量高，北京地区春节前单株产量达400～500克，全季产量有望达到1000克。果实圆锥形，果个极大，前期单果重可达70～80克，平均单果重35克。果实颜色鲜红，光泽鲜艳，风味好，硬度高，耐贮运，货架期长。极抗疫霉果腐病，较抗白粉病。尤其适合提早种植，是鲜食和加工兼用的优秀品种。

⑫卡米诺实　短日照品种，植株紧凑而竖直，适宜高密度种植，产量高。果实短椭圆形，颜色深红，内外皆着色，风味好，光泽艳丽。硬度高，耐贮运，货架期长。一级果比例大，畸形果率很低。极抗雨水、不利天气及疫霉果腐病、黄萎病和炭疽病等土传病害。对蜘蛛、细菌性叶斑病及一般性叶斑病也有耐受性。因其果实尤其受冷冻草莓市场欢迎，目前已成为最出色的鲜食加工兼用用品种之一。

(2)日本鲜食品种

①丰香　日本品种。果实圆锥形，鲜红色，果实较大，一级序果平均单果重15.5克，最大果重57克，有光泽，外观好，果肉白色，肉质细软致密，风味甜多酸少，香味浓，品质上等，果较软，贮运性一般。植株生长势强，株形较开展，叶大，圆形，叶色绿，叶片较厚，种子微凹果面。早熟品种，休眠浅，打破休眠需5℃以下低温50～70小时。该品种早期花易受低温危害，而花粉稔性差，易出现畸形果，棚内应养蜂或人工授粉。抗白粉病能力弱，贮运性、丰

产性、抗病性均较差，但因早熟、风味好、香味浓、品质上等而受到人们的喜爱，目前在我国南北均有大面积栽培，可与其他品种互补适度发展。

②幸香　日本品种，由丰香与爱莓杂交后育成。果实圆锥形，果形整齐，果面深红色，有光泽，外形美观。一级序果平均单果重20克，最大果重30克。果肉浅红色，肉质细、甜、有香气，香甜适口，汁液多，含可溶性固形物10%。果实硬度比丰香大，耐贮运，糖度、肉质、风味及抗白粉病能力均优于丰香。植株长势中等，较直立。叶片较小，新茎分枝多，单株花序数多。植株休眠浅，适合我国南北方栽培。

③枥乙女　日本品种。果实大，一级序果平均单果重40克，最大果重80克。果实圆锥形。果面鲜红色、光泽强、平整。果肉淡红色，髓心小，稍空。果肉细，味浓甜微酸，汁液较多。含可溶性固形物9%～10%。品质优，果实较硬，耐贮运性较强，抗病性中等，抗白粉病优于丰香。早熟品种，适合促成栽培。

④章姬　日本品种。果实长圆锥形，果面鲜红色，有光泽，果形端正整齐，果肉淡红色，髓心中等大、心空、白色至橙红色。一级序果平均单果重19克，最大果重51克，含可溶性固形物9%～14%。香甜适中，品质极佳。该品种柔软多汁，耐贮性较差，不抗白粉病。早熟品种，适合促成栽培。

⑤鬼怒甘　日本品种。从女峰品种的突变株中选出，1992年定名。1995年引入我国，南、北方都有一定设施栽培面积。中早熟品种。植株直立高大。叶为深绿色，叶片大，匍匐茎多，花序梗长，花芽分化期和开花期都较早。果实较大，最大果重45克。果实短圆锥形，红色，光泽强，平整。种子分布均匀，凹于果面。果肉鲜红色，髓心浅红色。品质优，香气中等，汁液多。可溶性固形物和有机酸含量都很高，果实硬度大，耐贮运。

⑥红珍珠　日本品种。由爱莓与丰香杂交后育成，1991年定

名。早熟品种,植株生长势中等,叶片大小中等,圆形绿色,有光泽。花序斜生,低于叶面。果实较大,一级、二级序果平均单果重19.8克,最大果重39克,果实圆锥形,果形整齐,果面平整,红色,光泽强。种子凹于果面。果肉橙红色,酸甜,含可溶性固形物11%,果实硬度大,耐贮性强。

⑦宝交早生　日本品种,日本农业试验场以八云与TAHOE杂交后育成,1960年定名。植株生长势中等,株形较开张。叶片中等大小,长圆形,绿色,叶面光滑有光泽,匍匐茎粗度中等,繁殖能力较高。两性花,花序斜生,低于或平于叶面。果实中等大小,一级、二级序果单果重10～14.9克,最大果重24克,圆锥形至楔形,果面鲜红色,有光泽,果尖为黄绿色。种子分布均匀,为黄绿色。果肉细软,甜浓微酸,有香气,含可溶性固形物8.4%～10%,可溶性总糖4.43%～6.33%,酸0.68%。丰产性好,对白粉病和轮斑病抗性强。早熟品种。

⑧久能早生　日本品种。由旭宝与丽红杂交后育成,1983年定名。早中熟品种。株形开张。叶片中等大小,短圆形,绿色,有光泽。两性花,花序中等粗,斜生,低于叶面。果实较大,平均单果重12.5克,长圆锥形,果面鲜红色至红色,平整。种子分布均匀,黄绿色。果肉红色,甜酸适中,有香气。含可溶性固性物10.2%～11.8%,果实硬度中等,耐贮性好。

⑨明宝　日本品种,以春香与宝交早生杂交后育成,1977年定名。早熟品种,长势中等,直立,叶片较大,长椭圆形,绿色,有光泽,匍匐茎中等粗,繁殖系数中等,两性花,花序梗中等粗,斜生,低于叶面。果实中等大,一级、二级序果单果重10.9～14克,最大果重40克,圆锥形或纺锤形,果面红色至橙红色,稍有光泽,果面平整,果尖部不容易着色,种子分布均匀,黄绿色,风味甜,微酸,有香气,含可溶性固形物8.7%～12.4%,糖4.4%～8.3%,有机酸0.66%～0.82%,品质优,不耐贮运。

⑩佐贺清香　日本品种，由丰香与大锦杂交后选育而成，1998年定名。果实大，一级序果平均单果重 35 克，最大果重 52.5 克。果实圆锥形，果面鲜红色，有光泽，美观漂亮，畸形果和沟棱果少。外观品质极优，明显优于丰香。温室栽培连续结果能力强，采收时间集中，丰产性比丰香强。第一级序果和第二级序果形状及大小相差较小，整齐度好。果肉白色，种子平于果面，分布均匀。果实甜酸适口，香味较浓，品质优。含可溶性固形物 10.2%，与丰香相当。果实硬度明显大于丰香，耐贮运性强，货架期长。植株长势及叶片形态与丰香相似，但略比丰香直立，新茎分枝稍少，花序上花朵数稍少。株高 20～25 厘米，叶片大，叶色深绿。匍匐茎抽生能力与丰香相当，平均每母株繁殖匍匐茎苗 40～60 株。花梗粗壮。花芽分化期和开花期均比丰香早 5～7 天，休眠期极短，冬季温室栽培矮化程度轻。抗草莓白粉病能力明显强于丰香，抗草莓疫病、草莓炭疽病能力与丰香相当。

⑪红颜　日本品种，由章姬与幸香杂交后育成。植株生长势强、株形直立，株高 28.7 厘米，叶片大，深绿色。大果型，平均单果重 15 克，最大果重 58 克。果实长圆锥形，果实表面和内部色泽均呈鲜红色，着色一致，外形美观，富有光泽，畸形果少；酸甜适口，含可溶性固形物 11.8%，并且前期果与中后期果的可溶性固形物含量变化相对较小。红颜果实硬度适中，耐贮运性明显优于章姬与丰香。香味浓，口感好，品质极佳。休眠程度较浅，花芽分化期与丰香相近略偏迟。花穗大，花轴长而粗壮。具有章姬品种长势旺、产量高、口味佳、商品性好等优点，又克服了章姬果实软和易感染炭疽病的弱点。

(3)国内育成品种

①星都 1 号　由北京市农林科学院林业果树研究所于 1990 年以全明星与丰香杂交培育而成，1996 年定名。植株生长势强，株形较直立。叶椭圆形，绿色，叶片较厚，叶面平，叶尖向下，锯齿

粗。两性花,单株花序6～8个,花朵总数为30～58朵。果实圆锥形,深红色有光泽,种子黄色、绿色、红色兼有,分布均匀,花萼中大,双层,主贴副离。北京地区露地栽培成熟期为5月12日,采收期延续35天,一级序果平均单果重25克,最大果重42克,果实外观评价上等,风味酸甜适中,香味浓,肉质评价上等。含可溶性固形物9.5%,维生素C 54.49毫克/100克,总糖4.99%,酸1.42%,糖酸比3.5∶1,每667米^{2}产1500～1750千克。果肉深红色,适合鲜食、加工、速冻、制汁、制酱。为早熟、大果、品质好、果实硬度高、耐贮运品种,适合半促成及露地栽培。

②星都2号　为星都1号姊妹系。植株生长势强,株形较直立。叶椭圆形,绿色,叶片中等厚。叶面平,尖向下,锯齿粗,叶面质较粗糙,光泽中等。花序梗中粗,低于叶面。两性花,单株花序5～7个,花朵总数为40～52朵。果实圆锥形,红色略深有光泽,种子黄色、绿色、红色兼有,平或微凸,分布密,花萼单层、双层兼有,全缘平贴或主贴副离。北京地区露地栽培成熟期为5月7日,采收期延续35天,一级序果平均果重27克,最大果重59克,外观评价上等,风味酸甜适中,香味较浓,肉质评价中上等。含可溶性固形物8.72%,维生素C 53.43毫克/100克,总糖5.44%,酸1.57%,糖酸比3.46∶1,每667米^{2}产1500～1800千克。果肉深红色,适合鲜食和加工。为早熟、大果、丰产、果实硬度高、耐贮运品种,适合保护地及露地栽培。

③硕香　由江苏省农业科学院园艺所育成,亲本为硕丰与春香,1996年通过品种审定。植株生长势强,株形较直立。叶片较大,叶面粗糙。花数比宝交早生少,果大而整齐,果实圆锥形至短圆锥形,深红色,外观美,商品果率明显高于宝交早生。一级、二级序果单果重17～20克,大果重41～58克,耐贮运性好。休眠较深,需5℃以下低温500小时。抗灰霉病能力较宝交早生强。

④明旭　由沈阳农业大学园艺系育成。以明晶为母本,爱美

为父本杂交而成，1995 年通过审定。植株生长势强，株形直立。单株平均抽生花序数 1.5 个，抽生匍匐茎能力强，易繁殖。果实近圆形，果面红色，平整，光亮。一级、二级序果平均单果重 16.4 克，最大果重 38 克。果肉粉红色，肉质细，香味浓，酸甜适口。含可溶性固形物 9.1%，维生素 C 64.3 毫克/100 克，酸 1.24%，较耐贮运。平均每 667 米^2 产 992.47 千克。抗寒性、抗病性强，适合在北方各省推广栽植。

⑤*春星* 由河北省农林科学院石家庄果树研究所于 1990 年从 183-2 与全明星杂交后代中选育而成，1999 年定名。植株生长势强。叶片近圆形，深绿色，叶展角度小，叶缘锯齿深，叶面光滑，质地较软，茸毛少。叶柄浅绿色，茸毛多。花序低于叶面，每株有花序 5～8 个。种子黄色，分布密度中等，陷入果肉浅。果实圆锥形，鲜红色，平均单果重 30 克，最大果重 78.7 克。果肉橘红色，较硬，有香味，髓心略空，酸甜适度，果汁多，品质上等。含可溶性固形物 11%，维生素 C 127.3 毫克/100 克，总糖 6.820%，酸 0.926%，糖酸比 7.365∶1。该品种早熟，丰产，适合露地和保护地栽培。

⑥*石莓 4 号* 由河北省农林科学院石家庄果树研究所于 2003 年从宝交早生与石莓 1 号杂交后代中选育而成。植株生长势较强，株形直立。叶片椭圆形，呈勺状，黄绿色，光滑，叶缘锯齿中等深，叶柄绿色，茸毛较多。花序梗斜生，低于叶面，每株有花序 2～5 个。果实较大，平均单果重 31.7 克，最大果重 55 克，有光泽，果实整齐度高。种子分布均匀，黄绿色，稍陷入果面。果肉淡红色，香味浓，髓心小、实，浅红色。含可溶性固性物 9.0%～11.0%，糖 6.81%，总酸 0.64%，品质上等，较耐贮运。丰产性能好，适合保护地栽培。

⑦*石莓 5 号* 由河北省农林科学院石家庄果树研究所用以色列大果、优质、耐贮的 Y95 为母本，以丰产、优质、抗病的新明星为

父本杂交选育而成。植株长势强,株形直立。叶片深绿色,光泽强,厚,椭圆形,叶缘锯齿深。每株花序5～8个,低于叶面,较直立,分枝较低。每花序7～13朵花,花萼单层,萼片大,平贴或翻卷,萼径5.3厘米,萼心凹,去萼易。果实圆锥或扁圆锥形,一级序果平均单果重38.8克,二级序果平均单果重25.3克,最大果重67克,平均单株产量383.2克。果面较平整,鲜红色,有光泽,着色均匀,稍有果颈,无裂果。果肉红色,质地密。果汁中多,红色。果实风味酸甜,香气浓,含可溶性固形物8.83%,硬度大,耐贮运性好,适宜鲜食及加工。抗叶斑病和高抗白粉病。

⑧*石莓6号* 由河北省农林科学院石家庄果树研究所用360-1优系和新明星杂交育成的草莓新品种。石莓6号草莓具有优质、丰产、硬度大、红肉、香味浓郁、易去萼等优良性状。果实短圆锥形,有果颈,鲜红色,均匀整齐。一级序果平均果重36.6克,二级序果平均果重22.6克。果肉红色,质地密且肉细,髓心小,无空洞,纤维少。汁液中多,香气浓,酸甜可口,含可溶性固形物9.08%,硬度大,耐贮性好,丰产,果实适宜加工并可鲜食。较抗叶斑病和灰霉病。中熟品种,适宜露地及半促成栽培。

⑨*申旭1号* 由上海市农业科学院和日本国际农林水产业研究中心从盛冈23号与丽红杂交后代中经多次筛选获得,1997年定名。植株生长势强,株形较直立。叶片椭圆形,绿色且厚,富有光泽,叶柄粗。花序低于叶面,花梗粗,第一花序花数为18～19朵,第二花序为12～13朵。果实圆锥形,大果型,平均单果重12.3克,果深红色,着色均匀,表面平整,果肉橙红色,肉质细密无空洞。果实硬度大,质地韧,耐贮运性强。味酸甜适中,略有香味,含可溶性固形物9.68%,酸0.54%。该品种休眠较浅,适合促成和半促成栽培。

⑩*申旭2号* 由上海市农业科学院和日本国际农林水产业研究中心从久留米49号(丰香×女峰)与8418-23(女峰×久留米45

号)、杂交后代中经多次筛选获得,1997年定名。植株生长势中等,株形直立。叶椭圆形,黄绿色而有光泽。花序平或高于叶面,花序梗较硬,第一花序有14～15朵花,第二花序为11～12朵。种子红色,着生微凹。果实圆锥形,果面橙红色,表面平整,光泽强。果肉粉红色,质地细密,硬度中等,酸甜适中,香味浓,风味优,含可溶性固形物9.58%,酸0.742%。丰产性强,平均单株产量357克。

⑪红实美　由辽宁省东港市草莓研究所用章姬与杜克拉杂交育成。一级序果近楔形,次花序果长圆锥形,畸形果少,果个整齐度好。一级序果平均单果重45.7克,最大单果重100克以上。果面红色,色泽鲜艳,果面平整,果肉浅红色,果心粉白色,果汁较浓,肉质细腻,味香,品质上等。含可溶性固形物10.5%。硬度大,耐贮运。对炭疽病、叶斑病抗性较强,尤抗白粉病。丰产性好。休眠浅,早熟品种,适合日光温室栽培。

⑫久香　由上海市农林科学院林木果树研究所以久能早生与丰香杂交培育而成。植株生长势强,株形紧凑。花序高于或平于叶面,两性花,花瓣6～8枚,第一花序顶花冠径3.68厘米。匍匐茎4月中旬开始抽生,有分枝,抽生量多。根系较发达。果实圆锥形,较大,一级、二级序果平均单果重21.6克。果面橙红色,富有光泽,无空洞。果肉细,质地脆硬。汁液中等,甜酸适度,香味浓。设施栽培含可溶性固形物9.58%～12%,露地栽培为8.63%,含可滴定酸0.742%。在上海地区花芽形态分化期为9月下旬。设施栽培花前1个月内平均抽生叶片4.59片。属一季性,一级花序平均花数14.33朵,收获率61.7%,商品果率93.95%。第一花序显蕾期11月中下旬,始花期11月18日,盛花期12月2日。第一花序顶果成熟期1月上旬,商品果采收结束期5月中旬,商品果率均在82%以上,病果率仅0.41%～1.06%。田间调查结合室内鉴定,对白粉病和灰霉病的抗性均强于丰香。属短日性品种,果实成

熟期比丰香晚4～7天。繁苗容易，果实鲜食加工兼用。适合在长江流域和冬暖草莓产区栽培，露地与设施均可。

⑬晶瑶　由湖北省农业科学院经济作物研究所以幸香与章姬杂交育成的早熟品种，休眠期短。表面鲜红色，外形美观，富有光泽。果实略呈长圆锥形，整齐，畸形果少，平均单果重25.9克。肉质细腻，质脆，鲜红色，香味浓，口感好；髓心小，白色至橙红色。种子黄绿色、红色兼有，稍陷入果面，耐贮运。单株平均产量为330克，每667米^{2}产量2 165千克。植株较高大，一般株高38.4厘米，生长势较强。单株叶片7～8片，长椭圆形，叶面光滑，质地硬，茸毛少，托叶大，绿色。单株花序3～5个，花序长38.9厘米，花序二歧分枝，花量较少，全采收期可抽发3次花序，各花序均可连续结果。含可溶性固性物12.8%，总糖8.53%，可滴定酸0.76%，维生素C 68毫克/100克，糖酸比11.2。对高温、高湿和炭疽病抗性较弱，抗白粉病能力较强。

⑭天香　由北京市农林科学院林业果树研究所以达赛莱克特与卡麦罗莎杂交培育而成。植株生长势中等，株形开张。叶圆形，绿色，叶片厚度中等，叶面平，叶尖向下，叶缘粗锯齿，叶面质地较光滑，光泽度中等。花梗中粗，低于叶面，单花序花数9朵，单株花总数27朵以上，两性花。果实圆锥形，橙红色，有光泽，种子黄色、绿色、红色兼有，平或微凸果面，种子分布中等。果肉橙红色。花萼单层、双层兼有，主贴副离。一级、二级果平均单果重29.8克，最大果重58克。外观评价上等，风味酸甜适中，香味较浓。含可溶性固形物8.9%，维生素C含量为66毫克/100克，总糖5.997%，总酸0.717%。北京地区露地条件下4月上中旬初花，4月中旬盛花，5月上旬果实成熟，果实发育期25～30天。整体表现为花量大，连续结果能力强，自然坐果率高，畸形果少，丰产性强，每667米^{2}产量2 000千克以上。对灰霉病、蚜虫、红蜘蛛都具有较强的抗性，对白粉病抗性一般。

⑮燕香　由北京市农林科学院林业果树研究所以女峰与达赛莱克特杂交育成的新品种。植株生长势较强，株形较直立。叶圆形，绿色，叶片厚度中等，叶面平，叶尖向下，叶缘粗锯齿，叶面质地较光滑，光泽度中等，花序低于叶面。果实圆锥形或长圆锥形，橙红色，有光泽，种子黄色、绿色、红色兼有，平或凸入果面，种子分布中等。果肉橙红色。花萼单层、双层兼有，主贴副离。一级、二级果平均单果重 33 克，最大果重 54 克。外观评价上等，风味酸甜适中，有香味。

⑯书香　由北京市农林科学院林业果树研究所以女峰与达赛莱克特杂交育成的新品种。植株生长势较强，株形较直立。叶椭圆形，绿色，叶片厚度中等，叶面平，叶尖向下，叶缘锯齿尖，叶面质地粗糙，有光泽，花序低于叶面，单花序花数 3 朵，单株花总数 36 朵，两性花。果实圆锥形或楔形，深红色，有光泽，种子黄色、绿色、红色兼有，与果面平，种子分布中等。果肉红色。花萼单层、双层兼有，主贴副离。一级、二级果平均单果重 24.7 克，最大果重 76 克。外观评价上等，风味酸甜适中，有茉莉花香味。

4. 草莓优良加工品种有哪些？

(1)森加森加拉　德国品种，又名森格纳，森嘎拉。1986 年从波兰引进。植株生长势旺盛，叶片中大而厚，椭圆形，深绿色，叶面平展，有光泽，茸毛少。花序低于叶面，二歧分枝，花梗上茸毛少，较粗，花为完全花。匍匐茎较粗，部分为红色，种子分布稀且均匀，平于果肉，黄绿色。果实短楔形，果面平整，红色，有光泽，一级序果平均单果重 17.6 克，最大果重 20.4 克。果肉橙红色，质地细，甜酸适中，有香味，含可溶性固形物 6.9%，是鲜食、加工兼用型优良品种。

(2)哈尼　美国品种，又名美国 13 号。植株生长势较强，株形直立，株冠中等大小，叶片中等偏大，叶较厚，深绿色偏灰，叶面平，光滑。果大,平均单果重 18.7 克,最大果重 38 克,果实圆锥形,红色,果面平整,光泽强,果实外观评价好,肉质细,风味好,有香味,鲜食品质中等,含可溶性固形物 7.4%,果实采收期长,较丰产。既可露地栽培,也可中、小拱棚栽培。

(3)美国 6 号 由从美国引进单株选育而成。中晚熟品种。植株矮壮,叶柄短粗,叶色深绿。匍匐茎抽生晚。果实长圆锥形,大果型,单果重 20～40 克。种子稍突出果面,中心稍空,肉质紧密,鲜红色,甜酸适度。产量高,单株结果可达 10 个以上,株产量为 200～300 克。果实硬度大,耐贮运,抗病性强。露地栽培果实采收期长达 2 个月。

(4)因都卡 荷兰品种。植株生长健壮,分枝能力强。叶片小,深绿色,花多果多,极丰产。果实圆锥形,果形整齐,外观较好,一级序果平均单果重 18.3 克,最大果重 32.6 克,果面深红色,有光泽,果肉和果心都为红色,肉质致密,髓心小而实。甜酸,味浓,品质较好,有香味,果肉硬,耐贮运,为加工与鲜食兼用品种。

(5)开拓者 加拿大品种。植株生长势强,株形直立,株冠开展。叶片中等大,椭圆形,叶柄长而粗,叶片深绿色。花序低于叶面,斜生,花梗粗,两性花。果个中等,平均单果重 17.2 克,最大果重 27 克,果实圆锥形或楔形,深红色,光泽强,外观评价中上等,肉质细,全红。风味酸甜适中,有香味,鲜食品质中上等。含可溶性固形物 10.9%,耐贮运,丰产,一般每 667 米^2 产 1 500 千克。适合鲜食、加工速冻制汁、制酱。适合大棚、小拱棚及露地栽培。

(6)奖赏 加拿大品种。植株生长势强,株形直立,株冠开展。叶片中等大,椭圆形,叶柄长而粗,叶片深绿色。花序低于叶面,斜生,花梗粗,两性花。果个中等,平均单果重 17.2 克,最大果重 27 克,果实圆锥形或楔形,深红色,光泽强,外观评价中上等,肉质细,全红。风味酸甜适中,有香味,鲜食品质中上等。含可溶性固形物 10.9%,耐贮运,丰产,一般每 667 米^2 产 1 500 千克。适合鲜食、加工速冻制汁、制酱。适合大棚、小拱棚及露地栽培。

(7)戈雷拉 荷兰品种。植株生长势中等，株形较开张。叶片中等偏小，圆状扇形，较厚，叶深绿色。每株着生花序2个，花序梗斜生，低于叶面，每序上着生7～8朵花。一级序果平均单果重22克，最大果重34克。果实圆锥形，红色，果顶部着色不良。果实较硬，耐贮运，果肉红色，味偏酸，髓心空。植株抗病及抗逆性均较强，尤其是抗寒性。丰产，中早熟品种。适合露地及保护地栽培。可用于鲜食或加工。

(8)梯旦 美国品种。生长势中等，叶中等大小，椭圆形。中晚熟品种。果实较大，最大果重36克。果实圆锥形，果肉红色，偏酸。果面红色，略有光泽，种子分布均匀，密度较稀，平或微凹入果面。萼片大。含可溶性固形物5.7%。果实适用于速冻加工。

5. 草莓日中性品种有哪些？

由于日中性品种在夏秋季可以连续开花结果，从而有效调节草莓鲜果供应周期，满足消费者对鲜果的需求。该类型品种在我国部分地区特别是东北地区已有发展，预计未来栽培面积将会进一步增加，现将国外培育的一些优良品种做一介绍。

(1)钻石 美国加利福尼亚大学戴维斯分校于1991年用Cal. 87. 112-6与Cal. 88. 270-1杂交育成，1992年选出，1993年进行了试验，1996年审定为美国专利品种。植株紧凑，株形直立，果个大，果实长圆锥形，外观和果肉颜色比赛娃浅，光泽强，种子黄色或红色，与果面平或稍凹陷，风味浓，适合鲜食或加工。连续采果期长，后期结果多，产量高于赛娃。抗白粉病、二斑叶螨和病毒病，对常见叶斑病、黄萎病、疫霉果腐病和炭疽病中等敏感。

(2)芳香 美国加利福尼亚大学戴维斯分校于1991年用Cal. 87. 112-6与Cal. 88. 270-1杂交育成，1992年选出，1993年进行了试验，1996年审定为美国专利品种。果实较大，一级、二级序果的平均单果重25.3克，最大果重32.4克。果实圆锥形或楔形，果实大小整齐，果面深红色，光泽中等，果实无颈、无种子带。种子分布均匀，密度大，黄绿色，凹于果面。萼片大，双层，平离于果面。果肉红色，髓心大，橙红色，有空洞。风味酸甜适中，含可溶性固形物6.9%。连续采果期长，后期结果多。抗白粉病、二斑叶螨和病毒病，也抗疫霉果腐病和炭疽病，对常见叶斑病、黄萎病中等敏感。鲜食、加工兼用型品种。

(3)太平洋 美国加利福尼亚大学戴维斯分校于1991年用海景与Cal.88.118-603杂交选育而成，1992年选出，1993年进行了品种比较试验，1996年审定为美国专利品种。植株紧凑，生长习性与海景类似。果个远大于海景和赛娃，果实为圆锥形，果面和果肉颜色比赛娃深，比海景浅，光泽强，种子红色或暗红色，与果面平或稍凸出。

(4)保列罗 英国东茂林果树试验站于1987年进行杂交，1988年选出，亲本有红手套、防萎、戈雷拉、鲜红和赛娃，1996年引进美国，并申请了专利。植株生长势旺，直立性强，匍匐茎发生量多。果实为圆锥形，果面橘红色，有光泽，风味浓，果实硬度大，货架期长，浆果适合鲜食。对白粉病、根腐病和黄萎病为中等抗性。这个品种在英国已广泛定植，采果期集中于8～10月份。由于一级果比例较高(＞90%)，因而很受消费者的欢迎。

(5)赛娃 美国品种。日中性品种。果实大，平均单果重31.2克，最大果重138克。果实阔圆锥形，果面鲜红色，光泽较强，果面较平整。果肉橙红色，髓心中等大、心空、橙红色。肉质细，酸甜，有香味，汁液多，含可溶性固形物13.5%。春季开花后能连续开花结果，无明显休眠期。单株产量可达910克，每667米^{2}产量可达7000千克。

(6)美德莱特 美国品种。果实中等大，平均单果重28.6克，最大果重87克。果实圆锥形。果面红色、有光泽、平整。种子分布均匀，密度中等，黄绿色，微凹入果面。果肉深橙红色，髓心中等、心空、橙红色。果肉细，甜酸，味浓香，汁液多。含可溶性固形物12%。四季无明显休眠期。单株产量为800克，最高达1 180克。抗白粉病、黄萎病和叶枯病。四季品种，产量高。

(7)阿尔比 日中性品种，可周年结果。高产，早熟特性明显。北京地区12月上旬即可批量上市。果实长椭圆形，果个大，颜色鲜红，有光泽，有浓郁的草莓香味，果实甜酸适度，非常适合中国消费者口味。果实硬度高，耐贮运，货架期长。对炭疽病、疫霉果腐病和黄萎病有很强的抵抗力，对红蜘蛛抗性也较高。极适合以生产高档鲜食草莓为目标的种植者。

6. 草莓鲜食加工兼用优良品种有哪些？

草莓鲜食加工兼用优良品种主要有前面介绍过的卡麦罗莎、达赛莱克特等，它们在不但鲜食市场中受到消费者的欢迎，同时这些品种具有果皮、果肉颜色全红、糖酸度大、硬度大、耐贮运性好等加工品种的特点而作为鲜食加工兼用品种。

四、草莓苗的繁殖技术

1. 草莓生产为什么要培育优质壮苗？其标准是什么？

培育健壮苗是草莓高产优质的基础，植株的营养状态和根部的发育状态与产量有着密切的关系。草莓苗质量的好坏对花芽分化的多少和产量的高低起着决定性的作用。生产实践表明，培育壮苗对草莓的增产效应明显超过其他栽培措施。草莓优质壮苗的标准因栽培方式和栽培目的的不同而有所不同，一般标准是植株完整，无病虫害，具有4～5片以上发育正常的叶片，叶色呈鲜绿色，新茎粗在1厘米以上，叶柄短粗而不徒长，根系发达，有较多新根，多数根长达5～6厘米及以上，单株鲜重在30克左右，地下部分重量在10克以上。露地栽培要求培育苗龄适中的优质壮苗，促成栽培对苗的质量要求较高，要求花芽分化早，定植后成活好，相邻花序都能连续现蕾开花，特别是第二花序以后的花序也能获得一定产量的健壮苗。

2. 草莓苗的繁殖方法有哪些？各自的繁苗条件和特点是什么？

草莓苗的繁殖方法较多，主要有下面几种不同的方法。

(1)匍匐茎繁苗　是生产用苗最主要的繁苗来源。为实现草莓的优质高产，应建立繁苗圃。匍匐茎是草莓主要的繁殖器官，发生匍匐茎的植株叫母株，是匍匐茎营养生长的第一养分供给源，匍匐茎由母株腋芽发生，早期发生的匍匐茎与母株的健壮充实程度直接相关。匍匐茎与花序两者同源，它们根据不同的栽培环境条件的变化而相互转化。一般来说，花芽分化与匍匐茎的发生在日照12小时下，地温以20℃为界，高温发生匍匐茎，低温引起花芽分化。但是是否满足草莓自然休眠期对低温的需求（一般以5℃所需时间为标准），直接影响着匍匐茎的发生数量，如在促成栽培时匍匐茎的发生数量明显少于露地栽培。另外，发生匍匐茎的多少还与品种、母株定植时期、栽培水平和环境条件等有关。

匍匐茎繁苗的特点：一是技术简便易行，管理方便，产苗量大，繁殖系数高，一般每667米^{2}年可繁苗3万～4万株。二是匍匐茎苗来源于营养苗，能保持本品种的特性，极少发生变异，株间差异小，进入结果早，如促成栽培当年即可开花结果，有利于草莓的商品性生产。三是匍匐茎苗上没有大伤口，减少了病虫害的感染和土壤病害的传播，容易生产优质壮苗，且取苗容易。

(2)母株分株繁苗 即根茎分株繁苗法，又称分墩法。它是将已生长新根的新茎分枝与母株分离，成为新株来作为栽植用苗的方法。此种繁苗方法一般较少用，它只在某些不易发生匍匐茎的草莓品种或需要更换园地时，将所有植株全部挖起，分株后作为栽植用苗。在采用此种方法繁殖时，应在果实采收后，或在繁苗田温度达到20℃以上时，加强对母株的管理，及时进行施肥、灌水、除草、中耕与植株整理（主要是去老叶、摘除后发花序与老花序梗）等工作，使母株新茎腋芽萌发出新茎分枝，当母株的地上部有一定新叶抽出，下部有一定新根出现时，将母株整墩翻出，同时除去下部黑色的不定根和衰老的根状茎，选择带根新茎分枝苗逐个分离，可将分离出来的当年新苗直接栽植于新园中。

母株分株法繁苗的特点：一是出苗率较低，一般一株3年生的母株，每年只能分出8～14株定植标准的营养苗。二是新茎部有分离时产生的较大伤口，容易感染病虫害。三是由于新茎苗一般含有5～7片叶，下部有生长旺盛的不定根，栽后缓苗较快，容易形成壮苗越冬。四是可与生产园相结合，不需要建设单独的母本园，无须选苗，也不用摘多余的匍匐茎和摆压匍匐茎。

(3)种子繁苗 用草莓种子播种育成的草莓苗，也叫实生苗。生产园一般不用。草莓种子没有明显的休眠期，可随采随播，一般春播或秋播较好。

种子繁苗的特点：一是草莓虽可以自花授粉使后代实生苗基本保持母株的生长特性，但草莓也是异花授粉植株，大多数后代实生株之间性状差异较大，本品种的优良性状分离严重，导致株间果实品质差异大，难以形成商品栽培。二是实生苗生长快，有发达的主根系，适应性强，不容易衰老，一般经10～16个月就可产生花芽，开花结实。

(4)组培繁苗 由于生产者对生产用苗认识的不断加深，利用组培繁殖草莓苗在我国发展迅速。组培繁苗法也称为离体繁苗法，即在无菌条件下，将草莓的某一器官或部分组织接到培养基中，使其分化成新的植株，经增殖生根后再将草莓苗移入大田的方法。组培繁苗常与脱毒相结合，得到草莓脱毒苗。

组培繁苗的特点：一是繁殖系数大，容易在短时间内得到大量优质的草莓苗，1年内1个器官或组织可得到几万至几十万株草莓苗。二是组培繁苗不占用土地，不受外界环境条件的影响，可以全年进行工厂化繁殖。三是组培繁苗前期需要较大的资金投入来建设或购买配套设施与仪器，且需要一定的技术支撑。

3. 草莓育苗圃如何建立与管理?

建立专门的育苗圃，把优质母本单独标记保存起来，把培育生产所需壮苗作为独立的生产体系，从生产田中分离出来，这是草莓生产发展的需要，是对草莓生产制度的改革，也是草莓实现商品性栽培的标志。建立专门的草莓育苗圃便于培育高质量的适龄壮苗，也便于集中管理，省工、省肥、省水，同时减少病虫传播机会，便于实现专业化、标准化生产，优质成苗率高。在不设专门育苗圃的情况下很难达到优质壮苗的标准，建立草莓专用育苗圃是国内近几年草莓产区重点推广的育苗方式。下面通过生产上普遍采用的常规繁殖方法——匍匐茎繁苗来加以详细介绍。

(1)母株选择 选择品种纯正、健壮、无病虫害的植株作为繁殖生产用苗的母株，有条件的可使用脱毒原种苗、一代苗或二代苗。脱毒苗发出的匍匐茎多，植株健壮，子苗的产量也高，采用脱毒苗一般增产 20%～30%。在露地栽植的草莓中选择优良母株时，应在前一年草莓从萌芽至结果期整个生长阶段以每花序开花结果期为重点进行筛选，因为草莓开花结果期最能代表本品种的栽培性状。选母株应掌握的标准是新叶正常展开，小叶对称，叶色深绿，叶柄短粗，叶片厚大，生长健壮，丰产性好，连续现蕾，果形及品质符合本品种特性。对选中植株，随时加以标记，利用其抽生的匍匐茎苗作为母株。生产上有些种植者采用结过果的植株在原有生产田直接进行繁苗，造成幼苗瘦弱，植株矮小，原种苗退化，病虫危害较重，使产量降低 30%以上，这种育苗方式应逐步淘汰。

(2)建立育苗圃 苗圃应选地势平坦、土质疏松、有机质丰富、排灌方便、光照充足、未种过草莓的新茬地块，注意前茬作物未使用过对草莓有害的除草剂，前茬种过烟草、马铃薯、番茄等与草莓有共同病害的作物也不宜作育苗圃。苗圃选好后，每 667 米^2 施腐熟有机肥 5 000 千克左右，过磷酸钙 30 千克或磷酸二铵 25 千克，用 50%辛硫磷可湿性粉剂 0.5 千克拌细土 375 千克撒入以防地下病虫害，耕匀耙细后做成宽 1.2～1.5 米的平畦或高畦，畦埂要直，畦面要平，以便灌水。干旱地区做平畦，畦埂高 20～25 厘米；多雨地区做高畦，畦高 15～20 厘米。做畦后于定植母株前，必须喷施 1 次除草剂，以防栽苗后杂草旺长。

(3)母株定植 春季日平均温度达到 10℃以上时定植母株，

我国不同地域差异较大，一般为3月下旬至4月上旬。将母株单行定植在整好的畦中间，株距50～80厘米。抽生匍匐茎多的品种每畦一行，株距60～70厘米；抽生匍匐茎少的品种，畦宽1.5米时，每畦2行，行距1米，株距50厘米。每667米^{2}需母株800～1300株，可产草莓苗3万～4万株。植株栽植时，要尽量带土壤移栽，合理深度是苗心茎部与地面平齐，做到深不埋心，浅不露根。栽植过浅，根系外露，易使母株干枯死亡；栽植过深新叶不能伸出，引起苗心腐烂。天气干旱时，一般需连灌3次水，每隔2～3天灌1次水。

(4)土肥水管理 苗地土壤肥沃，空间也大，极易生杂草，因此需多次反复铲除杂草，结合除草，松土保墒。在人工紧张时可用除草剂氟乐灵喷施土壤，每667米^{2}用0.1～0.2千克，施后中耕松土。在6～7月份，需追肥2～3次，隔10～15天1次，每次每667米^{2}施尿素5千克，磷酸二氢钾10千克。施后灌水，或在下雨前施入。也可叶面喷施0.3%尿素和磷酸二氢钾溶液2～3次。草莓喜湿不耐涝，也不耐旱，因此暴雨后需及时排水，以防土壤积水。当土壤水分含量低于田间最大持水量的60%时(即手用力握土不成团时)需及时灌水，以保持土壤湿润，利于匍匐茎苗扎根生长和母株苗多发匍匐茎。

(5)植株管理 在母株的花序显露时及时摘除花序，摘除得越早越彻底，越有利于节约营养和匍匐茎的发生。在匍匐茎发生前需及时摘去老叶、病叶，以减少营养消耗和病虫危害。匍匐茎大量发生时，可将匍匐茎向母株四周拉开，并在匍匐茎第二节和第四节上压土，以防其交叉或重叠，有利于子苗扎根和生长。当每株有50～60株子苗时，子苗数量已经达到繁殖系数，即可对匍匐茎进行摘心，并将匍匐茎剪断，使子苗独立生长。以后再发的匍匐茎也应及时去掉，使子苗更加粗壮。整个生长期间如发现病虫危害，特别是夏季雨后炭疽病、叶斑病等叶部病害发生时，需及时防治。有些草莓品种抽生匍匐茎少，为促使早抽生、多抽生匍匐茎，可在母株成活后喷施 1 次 50 毫克/升赤霉素(GA_3)；也可于 6 月初、6 月中旬、7 月上旬各喷 1 次 50 毫克/升赤霉素溶液，每株 5 毫升，以促进母株多发匍匐茎。

4. 草莓生产田能否用来育苗？如何管理？

在尚未建立专门育苗圃的地方，当用苗量大时可以用草莓生产田来进行育苗，但这种育苗方式已不适应草莓商品性栽培的技术要求，应逐步淘汰。一般在草莓采收后经过下面的管理来得到草莓苗。

根据结果时植株的表现，选择植株生长健壮、大小一致、病虫害少、经过一定低温的草莓苗作为母株。最好不用促成栽培的生产苗作母株，因为其未经过低温，且经过长期的开花结果，植株已成强弩之末，难以产生大量优质的匍匐茎苗。在果实采收结束后，全园疏行、疏株；一般每隔 1 行疏 1 行，同时在所留行内每隔 1 株疏去 1～2 株。将所留母株上的病叶、枯黄叶及疏去的植株彻底清理干净；并随时保持繁苗的整洁，经常将无用的病残叶、老叶摘除。其他管理与前面育苗田的管理相同，但需更注重肥水管理和病虫害防治工作。

5. 什么是草莓脱毒苗？怎样生产脱毒草莓苗？

草莓因长期无性繁殖，在生产上受到多种病毒的侵染从而引起草莓植株弱小，果实品质降低，产量下降等现象。草莓带毒植株，经组织培养脱毒处理或直接引进，经检测后确认不携带相关标准规定检测病毒的种苗，称为草莓脱毒苗。草莓病毒病在栽培品种上大多不表现明显发病症状，但草莓植株中病毒的长期积累存在会使植株出现生长势减弱、个体矮化、叶片变小、心叶黄化、畸形果多、果实变小、产量下降、品质变劣等品种退化现象，给草莓生产带来巨大损失。其中对生产造成严重损失的病毒病害主要有草莓皱缩病毒、草莓斑驳病毒、草莓镶脉病毒、草莓轻型黄边病毒、草莓潜隐环斑病毒等5种病毒。由于对草莓病毒病的防治目前尚无有效化学药剂，生产中解决的办法之一是采用脱毒种苗进行无病毒栽培。

草莓病毒脱毒的主要方法有热处理法、茎尖组织培养法和花药组织培养法。也有将热处理与茎尖培养相结合，对脱除草莓病毒较好，具有最大的实用性。其中茎尖培养不仅可以有效脱除病毒，而且可以快速繁殖、工厂化培育草莓苗，对草莓新品种的推广起重要推动作用。

(1)热处理法 选生长健壮、带有成熟叶片的盆栽草莓，放入35℃高温设施中，每天升温约1℃，直至38℃后处理1～2个月，可采用变温处理；盆栽苗的水分以保持草莓生长不萎蔫为宜，空气相对湿度50%～70%。一般在38℃下处理12～15天可除去斑驳病毒；50天以上可除去皱叶病毒和轻型黄边病毒。镶脉病毒因耐热性强，热处理不易脱除。

(2)草莓茎尖培养法 外植体采样最佳时间为6～8月份晴天中午，选择无病虫、品种纯正的健壮植株，切取带生长点的匍匐茎段2～3厘米，用流水冲洗干净。将表面清洗过的外植体置于超净工作台上，用70%乙醇表面消毒1分钟，弃乙醇，加0.1%升汞和1滴吐温-20消毒8～10分钟，并不断摇动，然后用无菌水冲洗5～8次，用无菌滤纸吸干水分。再置于解剖镜下用解剖刀切取0.2～0.3毫米的茎尖，接种于茎尖诱导培养基中。诱导培养至不定芽1.5～2厘米时，分株接种于增殖培养基。经病毒检测合格的试管苗在增殖培养基上增殖，增殖培养每20～30天继代1次(总继代次数不超过8代)，选高2～3厘米的小苗转入生根培养基进行生根培养。

(3)草莓花药组织培养法 摘取花萼未展开、花粉母细胞处于单核期的花蕾，放入4℃冰箱中预处理1～2天。取预处理过的花蕾，在超净工作台上用70％～75％乙醇浸泡1分钟，再用0.1％升汞消毒5～10分钟，并不断摇动，用无菌水冲洗5～10次，然后去除花萼、花托等，用无菌镊子夹取黄色花药接种到愈伤组织诱导培养基中。诱导培养至致密愈伤组织直径为0.2厘米左右时，转入分化培养基中诱导芽分化，待分化成苗后，进行病毒检测，对合格的试管苗进行增殖，增殖培养每20～30天继代1次(总继代次数不超过8代)，选高2～3厘米的小苗转入生根培养基进行生根培养。

6. 草莓脱毒苗如何进行脱毒鉴定?

用各种脱毒方法或其他途径得到的草莓苗，只有经检测鉴定其植株没有含指定病毒时，才可称为脱毒苗。草莓病毒检测采用指示植物小叶嫁接检测法、电镜检测法、双抗体夹心酶联免疫吸附检测法(DAS-ELISA)和分子生物学聚合酶链式反应检测法(PCR)等方法。在生产上只需采用指示植物小叶嫁接检测法、电镜检测法和DAS-ELISA检测法3种检测方法其中的一种，仲裁时采用PCR检测法。

利用指示植物小叶嫁接检测法是草莓病毒病鉴定的一种常规的、行之有效的方法。应用较多的指示植物有EMC，UC5，UC10，UC11。通常用小叶嫁接法将待鉴定植株小叶嫁接到指示植物上，嫁接后2周开始观察症状表现，草莓斑驳病毒在嫁接后10～20天指示植物开始出现症状，说明草莓病毒在嫁接后2周内就能从带病毒接穗传到指示植物上。草莓镶脉病毒嫁接后15～25天表现症状。草莓皱缩病毒和草莓轻型黄边病毒表现症状较晚，一般在嫁接后30～45天才能表现症状。症状首先在新展开叶上表现，然后在老叶上出现。EMC和UC5对草莓斑驳病毒、草莓轻型黄边病毒、草莓皱缩病毒表现敏感，UC10 和 UC11 只对草莓皱缩病毒和草莓轻型黄边病毒敏感。

7. 草莓组培苗如何进行炼苗移栽？

组培苗的移栽最好在温室中，或有一定保护的大棚、网室中进行。以减少组培苗从瓶中或试管中移出时，生长环境的差异程度，提高移栽成活率。首先组培苗移栽前要经过强光照强度和长光照的炼苗阶段，将有 4～5 片叶的生根组培瓶苗在自然光下炼苗 4～7 天，再打开瓶盖，彻底露出组培苗锻炼 1～2 天，当组培苗没有异常反应时，移栽到种苗穴盘中，移栽的基质最好用透气性好的蛭石或珍珠岩，也可用经消毒的干净细河沙，将组培苗根部的培养基冲洗干净，剪去过长老根后栽植。移栽后灌透水，放入塑料小拱棚内，前期在光强时适当遮光，温度保持 15℃～25℃，空气相对湿度 80％～95％，慢慢降低空气湿度，此期一般不施肥；约 2 周后可撤去小拱棚，此时组培苗已有新根发生，逐步加强肥水管理经 2～3 个月后成苗，但向大田移栽时，仍要经过 7～10 天的二次炼苗，逐步加大通风强度，初期时如空气十分干燥可适当喷水。此时植株长到 4～5 片较大叶，株高 4～5 厘米，有 10～12 厘米长的根系 6～7 条，即可移出，获得可定植于田间的草莓组培脱毒原原种苗。

8. 草莓脱毒苗如何保存与繁育？

脱毒原原种苗的获得是经过离体组织培养、脱毒检测、驯化移栽等多道程序得到的，所以需加强对脱毒原原种苗的隔离保存。如果措施得当，能获得 5～10 年的有效利用时间，可以在生产上以较少的投入，发挥长期的经济效益。隔离措施除建立相对的隔离种植带外，通常将脱毒原原种苗种在温室或防虫网室内，防虫网以 40 目的尼龙网较佳，为防止昆虫的侵入，繁苗床的土壤或基质在定植前需进行严格的消毒，保持周围环境的清洁。使用原原种苗在与病毒完全隔离的条件下生产。条件允许时，可寻找合适的相对隔离的高原山地等来保存和繁育脱毒苗。

脱毒种苗的繁殖通常是在隔离状态下利用匍匐茎来繁殖的。从脱毒原原种上获得原种苗，在隔离的情况下，用消毒的土壤或基质来培育，定期采取植保措施，具体的方法参照匍匐茎繁苗的方法进行。不同的是由于脱毒苗长势较旺，为生产出健壮的适龄草莓苗，一般从8月份开始，喷布抑制剂来控制草莓苗的生长，可喷1000毫克/升青鲜素或0.06%～0.12%矮壮素溶液。原种苗可供繁殖2～3年。

9. 如何防止草莓脱毒苗再感染病毒？

草莓无病毒苗在生产上应用的重要环节就是防止病毒的再侵染，在生产场所应根据病毒侵染途径做好土壤消毒和防治蚜虫工作，有的地区在种植了几年后仍未被病毒侵染，而有的地方仅数月即被再侵染。因此，应采取措施尽量延迟病毒再侵染的时间。

(1)全面使用无病毒苗 草莓病毒主要通过无性繁殖由母株传给子株，随着草莓苗的传播而扩散。在同一田块或附近田块，若有病毒植株存在，那么病毒就很容易通过蚜虫或其他传毒媒介侵染到无病毒苗上，从而很快造成病毒的再侵染。

(2)加强病毒检疫 加强病毒检疫是防止病毒病传播扩散的重要措施。在无病毒母株保存、繁殖的整个过程中要定期进行病毒检测，制定出一套无病毒苗的繁育规程，按规程进行操作。在田间利用无病毒种苗繁殖生产用种苗时也应注意对病毒的检测，以免繁殖出带毒苗用于生产。

(3)防治传毒虫媒 蚜虫和线虫是草莓病毒病的主要传毒虫媒，无病毒苗繁殖之前应先进行土壤消毒，不要在重茬田块上种植。栽植无病毒苗后，要及时防治蚜虫，特别是周围有老草莓园时更为重要，在5～6月份蚜虫发生时以药剂喷洒防治，尽量降低虫口密度，减少病毒的再侵染。

(4)定期更换种苗 草莓无病毒苗使用一定时间后，在规模较大的产区经大田种植后被病毒侵染是不可避免的。因此，必须及时用无病毒苗更换已感染的植株。最好2～3年更换1次，以确保草莓的无毒化栽培。

10. 草莓脱毒苗与非脱毒苗有什么差别？栽培中怎样区别对待？

生产实践证明，无病毒草莓不仅长势强，植株整齐一致，而且产量和品质明显提高。无病毒苗较带病毒苗株高增长17.7%～46.2%，叶面积多2.6%～17.2%，叶柄长增加14.5%～41.9%，匍匐茎数多26.7%～89.5%，收获量增加7.8%～45.1%，果数增多8.7%～18.6%，单果重增加0.67%～24.1%，可溶性固形物含量提高3.8%～8.3%。无病毒苗的生长特性与普通苗有不一致之处，因此栽培上也应相应调整，才能发挥出无病毒苗的增产及提高质量的效果。

无病毒苗营养生长旺盛，吸肥力很强，在假植育苗期应避免花芽分化期前的追肥，以免花芽分化期推迟。应用断根、剥老叶等措施调节体内的碳氮比，可使花芽分化期提早。

无病毒苗较粗壮高大，在施肥量较大的情况下，对较强浓度肥料的耐受力强于带毒苗。但生产地也应避免施肥过多，以免植株过于旺盛而影响坐果。与带毒苗相比较，无病毒苗要适当稀植。

无病毒苗的开花期有延迟的趋势，其开始采收期也相应推迟，但早期产量和总产量仍比对照高。由于每花序内坐果数增多，单果平均重量有所下降，故应考虑适度疏花、疏果，促进果实增大。生长过于旺盛时，容易发生灰霉病、叶枯病，应及早剥除老病叶，及时防治病虫害。

11. 用草莓种子育苗有什么意义？如何进行种子实生苗的培育？

草莓种子实际上是受精后的子房膨大形成的瘦果，种子繁苗法多用于育种工作中，或在远距离引种，或有些优良品种不易得到营养苗的情况下使用。由于草莓种子培养得到大量的实生苗相对较容易，这也给草莓“大众化育种”提供了非常有效的条件，在草莓种植较发达的国家此种情况比较普遍，草莓育种并不只是什么大的机构，可能就是草莓生产者个人。随着草莓消费在我国消费者群体内不断深入，加之对外贸易的持续增长，我国草莓的商品性栽培将会有全面的提升。为寻找适合特定市场和本地气候的草莓品种，这些都会促使草莓的大众化育种事业欣欣向荣的发展。下面单就实生苗的培育加以介绍。

(1)获取种子　从优良的单株上选择充分成熟的果实，或经定向授粉杂交得到的果实。这些植株一般要求生长期间未用植物生长调节剂处理过。用刀片削下带种子的果皮，平铺在纸上阴凉，或将带种子的果皮，不断揉搓后洗去果皮得到种子。也可采用机械取种，用高速组织捣碎机或果汁机将草莓连果肉和种子一起打碎后加适量水分离。

(2)种子处理　在室温条件下，草莓种子的发芽力可保持 2～3 年，可随采随播。但为提高草莓种子的发芽率和发芽整齐度，需对其进行一定的处理。根据对低温需求量的要求可将种子层积 1～2 个月。或用清水浸泡种子一昼夜后，在 0℃～3℃的条件下保存 15～20 天。这样种子的发芽率一般可提升至 70%以上。将处理后的种子在 60℃～70℃温水中不断搅拌，当水温降至常温时再浸泡 2～3 小时，然后揉搓至种皮干净呈现光泽，再用清水冲洗干净，用湿棉手帕包好，放在25℃～30℃条件下催芽，每天早晚将种子与手帕用温水清洗1次，待60％～70％种子露白后即可播种。

(3)播种 草莓种子小，一般先播在育苗盘内，基质用过筛的细沙壤土，加入等量的腐殖土。播种前先灌透水，水渗下后将种子均匀地播入，盖0.2～0.3厘米厚的基质土，最后将播好的育苗盘放入小棚中或用塑料膜盖严育苗盘。如果播种量大时，可用宽1.2～1.5米的苗床，每平方米施入腐熟有机肥4千克，根据情况加入适量粗沙，精细整地灌透水后，将种子与粗沙按1∶3比例混后播种，保证种子播种均匀，每平方米播草莓种子不超过3克，播后覆土。最后用小拱棚覆盖保湿。

(4)管理 在20℃～25℃条件下，15天左右即可出苗，经2个月左右，草莓长出2～3片真叶时进行分苗，加强肥水管理；苗长到5片叶即可带土移栽到大田，缓苗后20天左右开始施肥，采用少量多次的原则，保持水肥供应促进幼苗发壮。一般春天播种，秋天可定植于大田，翌年春天开花结果。

12. 怎样以促进草莓花芽分化为主要目的进行育苗？

促进草莓的花芽分化就是要提前创造适于草莓花芽分化所需的环境条件，来培育优质壮苗，实现草莓的商品化栽培。草莓花芽分化要求植株内部有较高的碳氮比，外部环境条件是低温短日照。如果内在条件和外在条件不能满足，则花芽分化的时间推迟，花芽数量减少，质量变差，从而严重影响草莓的产量和质量。这也是我国南方地区难以得到适时优质壮苗的根本原因。为了促进草莓花芽提早分化，提高花芽分化质量，常用假植育苗与短日照、低温处理等措施相配合。

(1)假植育苗 假植育苗就是把繁殖圃中由匍匐茎形成的子苗从母株上剪下，移植至假植床或营养钵中并培育一段时间，再定植到生产田里。假植苗比不假植苗可明显提高草莓的产量和质量。一是假植挖苗时相当于断根处理,可抑制根系对氮素的吸收,提高植株的碳氮比,有利于花芽分化。二是幼苗断根后,假植苗会发出较多新根,当定植到生产田时,缓苗快,成活率高。三是幼苗假植培育时,假植床和营养钵的水肥条件比田间好,并可人为控制,使幼苗分化出数量多、质量好的花芽。但假植时间不能过长,一般为30~60天,否则易形成老化苗。草莓假植育苗有营养钵假植和苗床假植2种方式,在促进花芽提早分化方面,营养钵假植育苗优于苗床假植育苗。促成栽培和半促成栽培宜采用假植育苗方式。

①营养钵假植育苗　在6月中旬至7月中下旬,选取2叶1心以上的匍匐茎子苗,栽入直径10厘米或12厘米的塑料营养钵中。育苗土为无病虫害的肥沃表土,加入一定比例的有机肥,以保持土质疏松。适宜的有机肥主要有草炭、山皮土、炭化稻壳、腐叶、腐熟秸秆等,可因地制宜,取其中之一。将栽好苗的营养钵排列在架子上或苗床上,株距15厘米。栽植后灌透水,第一周必须遮荫,定时喷水以保持湿润。栽植10天后叶面喷施1次0.2%尿素溶液,每隔10天喷施1次磷、钾肥。及时摘除抽生的匍匐茎和枯叶、病叶,并进行病虫害综合防治。促成栽培最适合采用营养钵育苗。幼苗和营养土一同定植在生产田时,有不伤根、不缓苗的优点,有利于幼苗的田间生长发育和提早开花结实。

②苗床假植育苗　苗床宽1.2米,每667米^{2}施腐熟有机肥3 000千克,并加入一定比例的有机肥。假植时期因栽培方式不同而异。一般假植时期比生产上定植时期早30~60天,促成栽培及高山育苗、夜冷育苗、钵盆育苗在7月中旬以前起苗假植,9月上中旬以前定植;半促成栽培和露地栽培于8月下旬以前起苗,10月中旬以前定植。起苗前1天,需给苗圃灌1次水,起苗时选2~3片叶,株鲜重8克左右,较多白根的幼苗,幼苗起出后按苗质量分级、分块假植。幼苗先用50%甲基硫菌灵可湿性粉剂300倍液

蘸一下根,然后按 15 厘米×15 厘米的株、行距栽入苗床,埋根留心灌透水。若此时温度较高,需用遮阳网或遮阳棚。如果挖出的幼苗不能马上假植,可将幼苗放在阴凉潮湿处,上盖湿草帘备用,但放置时间不能过长。

假植后的 1～5 天内,需每天灌水 1～2 次,待苗成活后揭去遮荫物。为保持土壤湿润和幼苗正常生长,假植后 1 个月内需及时灌水,在此期间,结合灌水,每隔 10～15 天追施尿素 15 千克/667 米^2+磷酸二氢钾 5 千克/667 米^2 2 次;也可叶面喷施 0.3%尿素+0.3%磷酸二氢钾溶液 1～2 次。假植 1 个月后适当控制水分,使土壤含水量为田间最大持水量的 60%左右。每隔 10～15 天喷施 0.3%磷酸二氢钾溶液 1～2 次,除此之外需经常摘除匍匐茎和老叶、枯叶、病叶,及时拔除杂草,注意防治病虫害。8 月下旬至 9 月初进行断根处理。如果管理得好,假植期间每周可发 1 片新叶,全株可发新叶 10 片左右。最后幼苗定植生产田时,一般摘去老叶,留 4 片新叶。

(2)短日照处理 常用以下 2 种方法。

①遮光育苗法 通过小拱棚上覆盖黑色或银灰色薄膜,使假植苗处于短日照环境,诱导假植苗花芽分化。一般于 8 月 20 日至 9 月 10 日,每天傍晚覆盖,翌日早晨去除,使日照控制在 10 小时左右。

②山间谷地育苗法 选择南北向谷地,东西两侧的山群如自然屏障遮荫,使谷地的日照比平地短。谷地的温度也较低,将苗床或营养钵假植苗置于山间谷地,可使草莓植株顺利通过花芽分化。海拔 500 米以上的山谷效果更好。

(3)低温处理 生产上常用下面几种方法。

①高山育苗法 一般山地海拔每升高 100 米,温度下降 0.6℃,在海拔 800～1 000 米的冷凉山地上做苗床,于 7 月中上旬在山上假植苗,也可于 8 月中旬至 9 月中下旬将活动苗床或营养

钵放于山上。在冷凉气候下假植苗提早花芽分化。

②夜冷育苗法　7月中旬在活动苗床或营养钵上栽植幼苗。从8月20日开始至9月10日结束，处理20天。白天让幼苗在室外正常的光照和温度下生长发育，夜晚将其移入冷藏库，进行低温处理。每天于16时30分将假植苗推入冷库。在4小时内将温度均匀地降至16℃之后，9小时将温度降至10℃。从5时30分将温度升至16℃，然后移到室外，可有效促进花芽分化。

③低温冷藏法　于8月下旬，选5片叶以上、茎粗1.2厘米以上的假植苗挖出洗净根部泥土，摘除老叶，保留4片叶，用湿报纸将苗包好，装入塑料袋或箱中，置于10℃的冷库内，放置15天左右，可促进花芽分化。注意入库和出库前将幼苗置于20℃环境中适应1天。

13. 草莓苗如何出圃与运输？

当大部分匍匐茎苗长出5片以上复叶，符合生产要求的壮苗标准时，可根据生产需要出圃定植。出圃时间为当地草莓定植的最佳时期。起苗前2天灌1次水，使土壤保持湿润状态，起苗时根系带湿土坨，这样苗不易被风吹干。起苗深度不少于15厘米，以减少伤根。定植地点距离苗圃近，最好带土坨移栽，以提高定植成活率。子苗起出后如果不能及时定植，要用泥浆浸根，保持根系湿润，防止吹干。

对需要远途运输的秧苗起苗后，整理去掉大叶片，只留少量叶片和叶柄，50株或100株捆成1捆，装入浸过水的麻袋中，使袋内保持湿润。如果起苗时温度过高，为防止打捆后发热，可选择夜间温度下降后进行打捆。数量大时通过汽车运输，车厢内要用藤篓等物作为包装物，上面覆盖遮荫篷，或用四周有孔的中转箱运输，以防幼苗运输途中发热。汽车、火车运输小量时，可用草袋、麻袋、带孔纸箱包裹，包装容器内的成捆幼苗根系最好蘸有泥浆。成捆苗之间要留有空隙，以防苗木发热腐烂。

我国南方地区种植草莓采取“北苗南栽”，即在北方地区培育种苗，种植季节再运到南方定植。采取这种方式，种苗安全运输就是必须考虑的关键问题，大量运输采取航空运输，安全、方便、快捷。实践表明，比较安全的方式是在北方地区阴天或温度较低的晴天下午起苗，夜间整理打捆，然后装纸箱，纸箱规格一般长×宽×高为50厘米×32厘米×30厘米，纸箱四周留6～8个小孔透气，每箱装800～1 000株。根据航班情况装好封箱后立即运到机场，翌日下午或傍晚运到目的地。如果有条件，可在起苗后将苗置于5℃左右的冷库中预冷6小时以上，然后再进行运输。秧苗运到后立即打开包装，以防发热烧苗，并用清水浸泡根系，然后再定植。

五、草莓露地栽培技术

1. 草莓露地栽培的意义、特点是什么？有哪些栽培形式？

草莓露地栽培是指在田间自然条件下不采用任何保护设施(如温室、拱棚等)而进行的一种常规栽培方式。在本书叙述中将地膜覆盖栽培划为露地栽培一起来讲述。露地栽培目前仍是我国草莓的主要栽培方式之一，尤其是在新发展草莓生产的地区多是从种植露地草莓开始的，我国南方地区由于气候适宜，一般以露地栽培为主，另外，加工用草莓的生产也主要是露地栽培的。露地栽培是实现草莓周年供应中不可缺少的一种栽培方式。露地栽培的优点主要是管理简单、成本低、省工、可进行规模栽培、经济效益较高，与设施栽培(保护地栽培)比较，其果实风味较好，较耐贮运。缺点是容易受自然环境及不良气候的影响，造成产量降低。露地栽培一般选离城市较近，交通便利的地区种植。近年来城郊的露地观光草莓种植发展很快，效益也得到了显著提高。

草莓露地栽植形式有一年一栽制和多年一栽制。一年一栽制中则多采用与其他作物间、套、轮作的模式，以取得良好的经济效益和社会生态效益。一年一栽制即每年栽植 1 次，上一年秋季栽植草莓苗，翌年 5～6 月份果实采收后，将植株翻耕作绿肥或铲除，再种植其他作物，在秋季另选地再栽新苗。一年一栽制的优点是果实质量好、果个大、产量高，通过轮作倒茬，可减少草莓病虫害发生，容易实现草莓商品性栽培；其缺点是对栽培技术要求严格，需培育优质子苗、较费工。多年一栽制是将草莓苗以较稀密度栽植，第一年有较少产量或无产量，第二、第三年产量达最高，3年后植株衰退，产量和品质显著降低，此时需废除老园换地重栽。多年一栽制多在人少地多的国家采用，我国采用得较少，我国目前普遍采用的为一年一栽制。

露地草莓栽培结果期一般保持在2个月左右，草莓秧苗栽植成活后，为了使草莓优质、丰产，需根据不同的品种、地力条件及栽培管理水平，确定一个产量目标和范围，使其既能果实质量好，也能较丰产。在栽培技术上围绕着需要达到的产量目标进行各个环节的精细管理。

2. 如何进行露地草莓园的选择与规划？

草莓露地栽培是我国草莓大面积生产的主要栽培方式之一，建立成千上万公顷的露地草莓园，必须搞好园区的科学规划，建立规范化、标准化的生产园区，为实现草莓商品性栽培打好基础。

(1)小区划分 在以乡村为单位进行草莓生产基地建设时，要进行整体规划，区域布局，以便形成规模效应，有利于整体销售，形成产业。可将草莓园划分成不同面积或相等面积的作业小区。平地小区一般以5～10公顷为宜，山区、丘陵地以3～5公顷为一小区。小区形状以长方形为好。山地小区的长边需与等高线走向平行，并修筑梯田，有利于保持水土。地形复杂的丘陵山地，小区可不拘形式，因地制宜划分。一般一个小区栽植2～3个成熟期相近的品种，以利于管理与集中销售。

(2)配置灌溉排水系统 草莓不耐旱，必须配备灌溉设施。由于我国南北方均存在降水不均匀(6～8月份集中降雨)和季节性干旱(春、秋旱)，为了草莓正常生长发育，必须配备灌溉设施。首先解决水源，再根据水源和经济状况，选择灌溉方式(管灌、沟灌、喷灌、滴灌、渗灌等)。在设计排水时，注意灌水渠与道路结合，排水沟与灌水渠共用。丘陵、山地的草莓园，需在未开垦的果园上方，沿等高线修 1 条宽、深各 1～1.5 米的拦洪沟，两端与排水沟相连，蓄水防旱，防止山洪冲击果园梯面。山地排水沟一般纵向修筑，宽、深各 0.5 米左右，排水沟每隔一定的距离修有蓄水库(池)，以拦蓄山水，提供灌溉和喷药用水。每层梯田内侧也挖 1 条深、宽各 30 厘米的小沟，以防止水土流失。在山地低洼处或土层下有石隔形成积水的地段，开深 1.5 米、宽 1 米的与果园行向垂直的深沟，与排水沟相通，以排除地下暗水，降低地下水位。面积较大的草莓园，应建立拦水工程，在必要地段设引水槽，配备节水灌溉设备。

平地大面积栽培时，应 40 米内有条沟(条沟一般与草莓畦平行)，垂直 60～70 米内有腰沟，整个园区周围有围沟，使条沟(宽 40 厘米、深 40 厘米)、腰沟(宽 60 厘米、深 60 厘米)、围沟(宽 1 米、深 1 米)相通，遇到暴雨时，可使雨水及时排出。

(3)选择合适地块 草莓园一般宜选择质地较好的壤土和沙壤土，地下水位在 1 米以下，土壤的 pH 为 5.5～8.0。以前茬作物种植豆科作物、小麦、瓜类、蔬菜的地块为主。由于马铃薯、茄子、番茄、甜菜等作物与草莓有共同病害，所以不宜选择作前茬作物。大面积种植时要考虑区域分布、上市时期、加工企业、市场定位等问题，尽量选择旅游观光区和交通便利的地区进行规模栽植。

3. 草莓定植前应怎样进行土壤整理与准备草莓苗？

(1)土壤改良 我国人多地少，常利用丘陵、山岗地、坡地、河滩沙地、盐碱地等土壤种植草莓。为提高草莓的品质和产量，从而提高经济效益，在种植前必须对这样的土壤进行改良。

沙荒地、黏土地栽植草莓前宜先种植 2～3 年绿肥并翻压，每 667 米^2 施 4 000～5 000 千克农家肥或用客土、塘泥等压沙或放淤压沙、翻黏压沙、引洪漫沙。栽前整地时挖槽宽、深各 1 米，沟底填树枝，上中层填秸秆(稻麦草等)，一层土一层填充物，以改善土壤理化性质。

盐碱地改良宜先灌水压盐、排水洗盐，提前种3～4年耐盐植物，如苜蓿、草木樨、碱蓬、猪毛菜、田菁、苕子，再采用一层秸秆一层土的方法修筑高畦埂，大量施用有机肥，营造防风林，减少水分蒸发，防止盐渍化。

(2)土壤消毒 种植草莓前，曾种植过草莓、马铃薯、茄子、番茄、甜菜等作物的田块，由于与草莓有共同的土传病害和线虫，易引起严重的连作障碍，造成死苗、植株长势弱、减产等问题，因此需进行土壤消毒。未种植过上述作物的新茬地土壤不必消毒。常用的消毒方法有如下几种。

①*太阳热高温消毒法* 在夏季7～8月份高温季节，将基肥中的农家肥施入土壤，深翻30～40厘米，灌透水，然后用塑料薄膜平铺覆盖和加大、小拱棚并密封土壤40天以上，使地温达到50℃以上，以杀死土壤中的病菌和线虫。在翻地前，土壤中撒施生石灰80～150千克/667米^2，灌水后覆塑料薄膜可使地温升至70℃左右，杀菌杀虫效果更好。这一消毒方法已被许多种植者应用。

②*生物法* 有一些植物对草莓线虫有杀灭作用，如在5月下旬种植一茬万寿菊可防止线虫对草莓的为害。

③*药剂消毒法* 即使用某些药剂对土壤消毒，如垄鑫牌综合土壤消毒剂、石灰氮等。

(3)施基肥整地起垄 整地时先施基肥，一般每667米^{2}均匀撒施优质农家肥4 000～5 000千克，再将化肥均匀撒施，每667米^{2}施尿素20千克、磷酸二铵20千克、硫酸钾10千克或氮磷钾复合肥50千克。然后深耕20～30厘米，清除杂草杂物，耙平、做畦。一般采用大垄双行的栽植方式，垄宽40～60厘米，垄高20～30厘米，垄沟30～40厘米，垄沟为灌水沟，排水沟兼人行道。高畦栽培的优点是土壤通气性好，果实在垄两侧光照充足，着色好，不易烂果，并有利于覆膜、垫果、土壤增温等。

(4)定植草莓苗的准备 露地栽培的草莓苗要求不十分严格，因为苗定植后还有较长生长时间来调节，只要在冬前形成壮苗越冬即可。但“苗好收一半”，草莓苗可以相对弱小，但不可以是小老苗和2年生以上的老苗。一般选择当年生匍匐茎苗。要求幼苗新茎粗1厘米以上，具4片展开叶，初生根系较多，全株鲜重15～20克及以上，没有病虫危害。有条件的可随起随栽，外运的秧苗在收到时首先要选择阴凉的地方，将根向地面把苗摆开，用流水灌根，上部遮荫。

栽植前根据气温与苗的质量，摘去部分老叶、弱叶，保留新壮叶3～4片，但需保留绿色的叶柄，剪去黑色老根。用5～10毫克/升萘乙酸或萘乙酸钠溶液浸根2～6小时，对促进新根发生、提高定植成活率效果明显，另外也可用生根粉、IAA、IBA等处理。

4. 草莓露地栽培中定植时间和密度如何确定？怎样定植草莓苗？

采用一年一栽制，秋季栽植。通常北方定植早，南方定植晚。东北及华北地区为8月中旬至9月上旬，中原地区为8月下旬至9月上中旬，长江流域及以南地区为9月下旬至10月中旬。假植苗在顶花芽分化后定植，通常在9月20日前后定植。适当早栽可防止幼苗老化，有利于幼苗生长、发育和植株越冬。栽植时宜选阴雨天气，高温干旱时，幼苗成活率低。

采用高畦栽培。北方地区畦宽40～60厘米，垄沟宽30厘米，垄高20～30厘米；南方地区由于雨水多，地下水位较高，为便于排水，一般垄畦宽50～60厘米，垄沟宽30～40厘米，垄高30～40厘米。每垄栽2行，行距25～35厘米，株距15～20厘米。土壤肥沃，栽培植株长势旺的品种，株行距可大一些；土壤肥力差，栽植晚，植株紧凑、冠径小的品种，株行距宜小些。在我国现在栽培水平下，一般可根据苗的质量、品种长势、土肥条件等，每 667 米^2 定植 7 000～10 000 株。

栽植时幼苗的弓背方向朝向垄沟，这是因为草莓的第一花序多从弓背处向外伸出，这样做的好处是果穗光照好、易着色、糖度高、管理方便。栽植时，应使根系自然舒展，栽植深度一般为“深不埋心，浅不露根”，以苗茎部与地面平齐为宜，过深过浅都不利于幼苗成活与生长。幼苗定植后，应立即灌水。有条件的可进行遮荫处理以提高成活率。栽后 1 周内，每隔 1～2 天灌 1 次水，以后每隔 2～3 天灌水 1 次，以土壤表面见干见湿为准，直至幼苗发出新叶为止。幼苗成活后，发现死苗应及时补栽，以保证秧苗齐整，为丰产打下良好的基础。

5. 露地草莓冬前田间管理的主要工作有哪些？

(1)疏芽与摘叶 秧苗栽植成活开始生长后，一般要保留 1～2 个粗壮的侧芽，抹去弱芽。由于顶花序开花早，侧花序开花晚，留侧芽可以补偿顶花芽“不时出蕾”或花期低温冷害、霜害所造成的产量损失。过弱的侧芽由于抽生花序细弱，花朵数少，果实少而小应及早疏去以节省营养。草莓叶片的生长发育是不断更新的过程，当植株上的叶柄茎部开始变色，叶片呈水平状并且变黄，说明叶片已经衰老，其光合自养能力已经满足不了自身呼吸的消耗，因此这样的叶片应及时去除。去除老叶，可减少养分消耗，促进新茎发根，改善通风透光条件，减少病虫害的发生。摘除后不要丢在草莓园内，应集中烧毁或深埋，从而减少病虫害的发生。

(2)中耕除草 9～10 月份草莓秧苗成活后，可及时松土 1 次。此次松土可稍深，一般为 10～15 厘米。结合松土，铲除杂草，可改善土壤物理性状，促使根系生长。在覆盖地膜前需结合除草再浅耕松土 1 次。

人工除草一般结合松土进行，化学除草在草莓园使用一定要谨慎,许多除草剂都会对草莓产生危害。一般使用精喹禾灵、氟吡甲禾灵、氟乐灵、丁草胺等除草剂,通过试验对草莓植株不产生药害,在正常浓度范围内有抑制杂草的效果,但在不同的气候条件下、不同的土壤内使用时效果有一定差异,其中氟乐灵可有效防治草莓田多种杂草危害,效果好,一般每 667 米^2 用药 0.1～0.2 千克,对水后喷洒田间随后中耕松土,以防其药效光解,将其与细土混合撒于田间再中耕效果也好。

(3)水肥管理 水肥条件是草莓生长发育的基础,它的供应水平直接影响着草莓商品化栽培的成败。

①草莓需肥特点、规律和施肥 草莓为浅根性作物,具有不耐肥、易发生盐渍害等特点。露地草莓的生长发育随着季节性的变化而变化。不同的生长发育时期吸收肥料的种类和数量也不一样。收获的产量不同,需要的肥量也不一样。施肥的实质是补充土壤供给草莓生长发育所需各种营养元素的不足。有机肥还有改良土壤等作用。草莓施肥应根据整个生育期吸收氮、钾较多,吸收磷较少并且比较稳定,发育后期吸收钾量超过氮的吸收量等特点科学施肥。氮能促进花序和浆果的发育,并促进叶片和匍匐茎的生长,在年周期全过程中均不可少。磷能促进花芽的形成和提高结果能力。钾能促进浆果成熟,提高含糖量,增进果实品质。各种营养元素充足并且比例适当,草莓才能正常生长发育,优质高产。根据植株的生长发育特点,从定植至采收结束,可将整个生长期养分吸收划分为 4 个阶段。

第一阶段是从定植成活后至自然休眠完成(约 4 个月)。随着秋季温度的降低根系生长量较少,植株逐渐进入休眠期,根系吸收的养分相对较少,植株干重增加也少,此时氮(N)、磷(P_2O_5)、钾(K_2O)的吸收比例为 1∶0.3∶0.3。

第二阶段是休眠解除后至现蕾期(约 2 个月)。随着春季温度的升高,地上部和地下部的根系开始较旺盛地生长,养分吸收量明显增加，特别是磷、钾的吸收量增大，此期氮、磷、钾吸收比例为1∶0.3∶0.6。

第三阶段是地上部进入旺盛生长，第一级花序的果实开始成熟，第二、第三级花序正在开花和果实膨大为始产期，此期养分吸收达到高峰，氮的吸收量占整个生育期85%以上，磷的吸收量为66%左右，钾的吸收量大幅增加，接近氮素水平，此期氮、磷、钾吸收比例为1∶0.3∶0.9。

第四阶段是果实旺产期，第二、第三级序花的果实进入膨大与成熟期，氮吸收量下降，磷、钾吸收量增加，其中钾的吸收量达最高值，此期氮、磷、钾吸收比例为1∶0.4∶1.7。有试验结果表明，每株草莓在整个生长发育期N、P_2O_5、K_2O的吸收分别为2克、0.9克、2.5克，并推算出每1 000米^{2}草莓的肥料吸收量氮为16～20千克、磷7.9千克、钾20～25千克。

肥料施用主要是为了满足草莓生长发育期间对不同元素的需求，使植株产量上升，品质提高。露地草莓从开花至果实成熟时间短，因此肥料以整地前施基肥为主，追肥的次数不宜过多，每次的量也不能过大。除施用基肥外，一般在定植后、现蕾期、果实盛产期、旺产期追4次速效肥，具体方法如下：在定植成活后1个多月，每667米^{2}追施氮磷钾复合肥或尿素10千克。施用时，可先将化肥溶解在水中，然后结合灌水施用，也可在两行草莓植株中间开1条浅沟，深10～15厘米，将肥料均匀施入再灌水。

②水分管理　草莓在整个生长期需一直保持湿润状态。一般来说，土壤含水量应保持在田间最大持水量的80%左右。草莓越冬前的水分管理主要有2个关键期，一是定植水，一般要求间隔较短的3次灌水。二是当最低温度降至－3℃时，灌透1次越冬水。常用的灌溉方法有沟灌、管灌和滴灌。根据水源、地形、经济条件综合考虑后选择灌溉方法，总的要求是节水，使水分渗透到根系分布最多的土层内，并保持一定的温度。上述3种灌溉以滴灌效果

最好，可以保持土壤疏松，水分供应均衡，草莓生长旺盛、产量高、品质好。每次灌溉时需将40～50厘米的土层灌透，以满足草莓对水分的要求。在南方或冬前雨水过多的地方亦需做好排水工作。

(4)地膜覆盖 又称地膜覆盖栽培。草莓植株被地膜覆盖以后，可使病虫害发生量减少，产量增加10%～30%，并可提早成熟7～10天，同时可使植株安全越冬。生产上常用无色透明地膜和黑色地膜。透明地膜地温较高，可促进果实提早成熟，一般比黑色地膜早熟7天左右，并可增加草莓产量、改善浆果品质，但透明地膜不能防止杂草。

覆膜时间北方地区在10月下旬至11月上旬，南方地区一般在草莓现蕾后至开花前进行为宜，如在广西南宁以11月中下旬最为适合，不宜过早或过迟。覆盖过早，易引起地温过高，不利于根系和植株生长，甚至会出现“烧苗”现象，也不利于早期的土壤管理和施肥。覆盖过迟，不利于土壤保温，会影响根系和植株生长，更不利于土壤保湿、杂草防除、果实防病和洁净果实的生产。覆透明膜前需使用1次除草剂氟乐灵和杀菌剂，并需提前灌水。覆膜时，将全部植株覆盖在地膜下。南方地区覆膜后立即破膜提苗。

(5)防寒 露地草莓生长进入深秋便逐渐进入休眠，尽管草莓根系能耐－8℃和短时间内－10℃的低温，但在我国北方，因冬季寒冷多风、干旱少雨，露地草莓一般不能安全越冬，常常造成植株根、茎、叶受冻，直接造成大幅度减产。因此，北方地区当气温降至0℃时，必须进行覆盖防寒。防寒成功的标志是植株根茎无冻害、绿叶保持较多，春季防寒物撤去后，叶片能立即进行光合作用。

防寒开始时间一般在11月份，常用的防寒物有地膜、秸秆(如麦秸、稻草、稻壳、玉米秸等)。在覆盖防寒物前，低温降至－3℃前需灌透1次防冻水。通常地膜与秸秆配合使用，一般先覆地膜，后盖秸秆，在雨、雹较多的地区可只覆秸秆，不覆地膜，或只覆地膜不覆秸秆。

防寒物的厚度因地区的气候条件不同而不同，一般由北向南逐渐变薄。黑龙江地区的防寒物厚度一般为15厘米左右，辽宁地区为5～10厘米，山东、河北、河南北部为3～5厘米，南方地区冬季雨量较少，温度相对较高，草莓一般不需防寒物即可越冬。新疆、青海、西藏等冬季极寒冷的地区防寒用的麦草厚度一般在20厘米以上。

6. 露地草莓春夏田间管理的主要工作有哪些？

(1)防寒物去除及防晚霜害 当春季土壤开始化冻后根据防寒物厚度分1～2次撤除覆盖物。第一次在日平均温度稳定在0℃时，撤除上层覆盖物，以便阳光照射，提高地温，从而有利于下层覆盖物的迅速解冻。当下层覆盖物彻底解冻后，地温稳定在2℃以上时，在植株萌芽前，第二次撤去防寒物，并将田间的枯枝烂叶、杂草等物清除干净，集中烧毁或深埋，以减少病虫害的发生。

草莓萌芽生长后植株对低温较敏感，在－1℃时植株受害轻，－3℃时则受害重。幼叶受冻后，叶尖、叶缘先变黄后变黑。正在开放的花朵如果受冻，则雌蕊变黑，不能发育成果实，如果受冻轻，则部分雌蕊受冻变色，形成畸形果。通常受晚霜危害的是花序开花最早的第一级花序，而第一级花序，果个最大，成熟最早。因此，晚霜对草莓的产量、品质、效益造成影响较大。防止晚霜危害的有效措施有：一是选平坦、开阔的平地建园，不在低洼地，风口处建园。二是稍晚撤去防寒物，使草莓物候期延迟，使花期避开晚霜危害。三是根据天气预报在气温降至0℃时采用喷灌、点火、熏烟等办法来防止霜冻危害。

北方地膜覆盖地区待翌年春新叶长出时破膜，破膜不能过早和过迟。过早不利于草莓生长，同时易受晚霜危害；过迟，容易导致膜内高温灼伤植株花朵。

(2)疏芽、摘老叶、去匍匐茎 这几项工作在草莓的生长季节需经常多次进行，为了提高劳动效率，可将其结合在一起进行。如果这几项工作进行得不及时、不彻底，则常导致果个小、品质差、病虫害发生严重，因此需要坚持不懈地彻底进行。

一般要保留2个粗壮的侧芽，抹去弱芽。特别是越冬后的老叶，常有病菌或带有虫卵应及时去除。露地草莓匍匐茎从开花早期开始就有少量发生，在果实采收期发生较多。匍匐茎是草莓的营养繁殖器官，发生得越多，消耗植株的养分就越大，并且会影响花芽分化，降低植株的产量和植株的越冬能力。因此，及时摘去匍匐茎可减少植株的养分消耗，显著提高产量和果实品质。摘除掉的草莓残株应带出园区集中烧毁或深埋，以减少病虫害的发生。

(3)中耕 春季解冻后待土层化透，表土稍干时需进行第三次中耕松土，深度以不伤根为度，可保墒提高地温。以后每隔10～15天浅耕1次，使土壤疏松，通气性良好。

(4)花果管理

①疏花疏果 每株草莓通常可抽生1～3个花序，少数也有4个以上花序的品种和植株。每个花序上一般有10～40朵花，最小的高级次花有时不能开放叫无效花，花能开放但结果太小，无经济价值叫无效果，因此在现蕾期及早疏去高级次小花蕾或植株下部抽生的细弱花序，可节省植株营养，增大果个，提高果实整齐度，促进果实成熟。在疏蕾时，一般大果型品种以留第一级和第二级花序为主，适当少留一些第三级花序；小果型品种留第一级、第二级和第三级花序的花蕾，摘去第四级和第五级花序的花蕾，在青色幼果时期，及时疏去畸形果、病虫果，以提高商品果率，减少病虫害的发生。

②垫果 草莓坐果后，随着果实的生长，果穗下垂，浆果与地面接触，施肥灌水均易污染果面，这不仅极易感染病害，引起腐烂，同时还影响着色。因此，对采用地膜覆盖的草莓园，应在开花后2～3周，用麦秸或稻草垫于浆果下面。垫果有利于提高浆果商品

价值，对防止灰霉病也有一定的效果。生产上也有在花序抽生的一侧拉上线绳，将花柄搭于线绳上，这样花果悬空，利于果实着色、果面干净和减少病害的发生。

③增大果个　浆果大小主要与品种、植株的营养状态及环境条件(如温度、光照、土壤、水分)有关。草莓的不同品种之间果实差异较大，一般分大果型品种(如卡麦罗莎、吐德拉、甜查理、达赛莱克特等)和小果型品种(如丰香、红珍珠、明宝等)。同品种的同一果序中，一级果序＞二级果序＞三级果序。植株养分充足，花芽分化质量好，果个大；反之，果个小。果实膨大期间，光照好、温度合适、昼夜温差大、水分充足，单果重增大；反之，果实较小。由于草莓从开花至果实成熟一般需30～45天，除在此期间加强肥水管理外，从育苗开始至草莓开花这段时期的管理也非常重要。这期间包含有花芽分化的过程，如前所述，果实大小在花芽分化完成时已基本决定，以后的管理主要是调节草莓营养生长与生殖生长的平衡，促使植株的果实达到本身应有的大小。

为了增大果个，从育苗开始，必须重视每一个环节，特别注意如下管理，以便使果个增大，增加一级果比率，提高产量。主要措施有：一是通过假植提高秧苗质量，使其花芽分化良好。要求秧苗新茎粗1.2厘米以上，有6～8片展开叶，根系发达，5条以上长根，全株鲜重达30克以上，已分化好1～2个花芽。二是加强肥水管理。定植时按要求平衡施足基肥，特别是施足有机肥，从开花期开始至果实成熟期，每隔12～15天，追1次肥。平常注意排水、灌水和保墒，使土壤水分长期保持在田间最大持水量的70%～80%。三是及时做好去老叶、剪匍匐茎、除弱芽、疏花疏果等项工作。

④提高果实着色度和糖度　草莓在果实膨大的后期一般从绿色转白色，然后从白色转红色。红色的增加是花青苷积累的结果。坐果期果实着色的好坏主要与环境(光照、温度及土壤水分)相关。

良好的光照、合适的温度及昼夜温差、适当干燥的土壤,有利于着色度和糖度的提高。平衡磷、钾肥,可提高果实着色度,过多的氮肥,会降低果实的着色度,因此应重点注意如下几点管理:一是平衡施肥。追肥时注意施有机肥及磷、钾肥,因为有机质含量高(3%～5%)会使果实着色好、糖度高。另外,其他微量元素肥料如硼、铁、锌的施入也必不可少,以免出现缺素症。二是增加果实光照。铺白色地膜或银色地膜,不仅可增加地温、保持土壤水分,还可提高果实着色度与洁净度。用绳、线、尼龙草及木棍、竹竿成行将草莓植株叶柄、叶片拦挡,让短梗果序上的果实充分暴露在行间或垄边的阳光下,不让叶片挡住果实的光照,也是提高果实糖度和着色度的有效方法。三是适度控水。在果实着色期使土壤水分保持在田间持水量的65%～70%,土壤排水与适当干燥也可提高果实的着色度和糖度。另外,如果果实成熟期温度过高(28℃),会使果实较快成熟,但果实酸度却未来得及下降,导致酸度增加。另外,施用过多钾肥也会使酸度增加。

(5)追肥 在现蕾前,每667米^{2}追施氮磷钾复合肥10～15千克,覆盖地膜的可用打孔器打孔施入,也可将肥料用水溶解后利用管状器具灌入。因开花结果期需养分较多,需在始产期、盛产期各追施肥料1次,每次每667米^{2}施氮磷钾复合肥15千克,两次肥料施入间隔时间10～15天。

除上述根部追肥外,还需加强叶面追肥,在生长季节,特别是现蕾后可每隔10～15天喷施0.3%尿素+0.3%磷酸二氢钾溶液3～4次。

(6)水分管理 春季草莓返青后要灌返青水,如土壤干旱可适当早灌水;要掌握"头水晚,二水赶"的原则,这样使草莓植株长势健壮,花果多,果个大;如果头水灌得过早,容易形成植株过大,生长郁闭,花序小,果少,产量低;在不是十分干旱的情况下,可将头水适当推迟。草莓在春夏生长期中,植株多处于旺盛生长阶段,果实从谢花至成熟一般为 30 天左右，对水分的需求较高，要保持土壤始终见干见湿，出现旱情及时灌水。同时，在此期雨多地区做好排水工作，果实采收期一般不宜灌水，如干旱严重，应在果实采收后的当天傍晚或第二天早上用小水灌。

由于草莓需水量大，加上我国水资源相对不足，季节性干旱严重，因此土壤保水也显得特别的重要。下面着重介绍几种常用的保水措施。

①松土　指每次灌水或降雨后，及时进行中耕松土保墒。松土可清除杂草，减少杂草与草莓的争水争肥矛盾，同时可防止土壤板结，破坏表层土壤毛细管水的运动，减少水分蒸发，从而达到保持土壤水分的目的。

②盖地膜　覆膜可达到增加土壤温度、保持土壤水分的目的。根据山东农业大学试验，在沙质壤土园中，覆膜能显著减少水分蒸发量，覆膜的蒸发量仅为不覆膜的 1/4～1/3。北方地区一般在秋季 11 月份进行覆膜，在果实采收结束后去膜。

③铺秸秆(麦秸、碎玉米秸、稻壳、碎花生壳等)　铺秸秆通常在草莓定植成活后进行。铺秸秆类物可起到减少土壤蒸发，增加土壤有机质含量，降低夏季地温的作用。

④使用保水剂　保水剂为高分子树脂类化合物，白色或微黄色，外表如盐粒，无毒、无味、颗粒状，吸水膨胀率为 350～800 倍，吸水后呈胶体状用力挤压不出水，即持水能力强，可与土壤混合。干旱时，可将保持的水分释放出来，供植株根系吸收，有效使用期 3～5 年。使用时，撒施于土壤；中耕使保水剂与土壤均匀混合，使用保水剂的量，一般为土壤重量的 1/1 000～1/700，即 700～1 000 千克重的土壤加入 1 千克的保水剂。

7. 露地栽培春季霜冻对草莓有什么危害？怎样采取防御措施？

春季已经通过自然休眠的草莓植株，由于受温度的影响进行被迫休眠，温度只要有所上升，日平均温度达到5℃以上时，心叶就会开始返绿，而后随着温度的继续升高而开始新叶的生长。这些开始生长的草莓植株对霜冻敏感。早春伸出未展开的幼叶受冻后，叶尖和叶缘变黑。正开放的花受害重时，通常雌蕊完全受冻，花的中心变黑，不能授粉受精发育成果实；受害轻时，只部分雌蕊受冻变色，而后发育成畸形果。幼果受冻呈油渍状或似开水泡过一样蔫缩。早春当温度在－1℃时，植株受害较轻，达－3℃时，受害重。如低温持续时间达几个小时，又正值花期则受害重，产量损失较大。因早开花的果实最大，霜冻往往引起早期大型果受损失。霜冻往往对早熟品种、开花早品种、早期大型果危害较大。

早春对草莓生长经常出现晚霜危害的地区，要做好预防工作。特别在草莓现蕾开花期，通风良好的地块栽种草莓，要延迟撤除防寒覆盖物，以使花期推迟。在品种选择上采用抗晚霜品种或花期稍晚品种。当气象预报有霜冻时，要及早采取措施，可采用熏烟、喷灌等方法防止霜冻发生。

8. 草莓为什么要进行间作套种与轮作？目前主要有哪些形式？

草莓具有植株矮小、较耐阴，在较低的条件下进行开花结果，生育期较短等特点，是一种生长周期短、见效快、经济效益高的作物。与多种果树、蔬菜、农作物间套轮作时，可充分利用光照资源，提高土地利用率，使种植者在单位土地面积上产生更高的经济效益；并且可改善农业生态环境，使农业生产稳定、持续的发展。

同一块地中，单一多年种植草莓会发生连作障碍。致使土壤某些营养元素缺乏，而且土壤传播的病虫源基数会急剧增加，植株病虫害及生理性病害多、发生严重，如发生萎蔫病、根腐病、灰霉病，蛴螬、红蜘蛛，异常花、畸形果、软质果等，并且难以防治。由于不同作物所需营养元素有所差别，栽培管理技术也不一样，间套轮作和水旱轮作既可改变土壤理化性状和微生物群落，增加有机质含量，又可克服连作障碍，减少草莓的病虫害发生。目前国内露地种植间套轮作的方式有如下几种。

(1)草莓套种玉米(或大豆) 秋季 8～9 月份整地做畦，畦面宽 1 米，畦埂宽 40～50 厘米，埂高 15～20 厘米。8 月下旬至 9 月份在畦面定植 4 行草莓，行距 25 厘米，株距 15～20 厘米。翌年春季于畦埂上按 30～35 厘米的间距种植 1 行玉米，每穴留 2 株。待草莓收获结束后将其营养体翻入土中。采用此法每 667 米^2 可收获玉米 250～350 千克、草莓 1 500～2 000 千克。

(2)草莓与西瓜、甜瓜间套作 秋季整地、做畦，每隔 3 畦，留 1 畦不栽草莓，于 4 月中下旬定植西瓜苗，5 月底草莓采收完。将一半的草莓植株运走，另一半翻埋瓜田，然后将高垄填平。此时西瓜已爬蔓，草莓与西瓜共生时间短，相互不发生影响，而翻埋的草莓茎叶是西瓜的好肥料。

(3)草莓与蔬菜间套轮作 秋季种植的草莓翌年 5 月份采收。采收后种植绿叶菜类的甘蓝、青花菜、芹菜、香菜、小白菜、大白菜、豆角等，这些蔬菜收获后再种下一季草莓。也可间套种丝瓜、苦瓜、扁豆等。

(4)草莓与棉花套作 棉花拔秆后整地做畦，畦宽 30～40 厘米，畦沟宽 25～30 厘米，沟深 15～20 厘米。于 11 月份按行距 25～30 厘米，株距 15～20 厘米，每畦定植 2 行草莓。5 月份草莓果实 80%已摘，在两行草莓中间按株距 18～20 厘米栽植 1 行棉花苗，草莓和棉花共生共有 10 天，利用草莓的地膜，可降低棉花生产成本，提早棉花的生育期 10～15 天，早发壮苗，提早开花结铃增加伏前桃、伏桃比例，可增产 10%以上。6 月份后将草莓铲去作绿肥。

(5)草莓留苗田套种青大豆(或者大豆、丝瓜、苦瓜、豆角) 3～4 月份整地做畦，畦宽 3 米，畦沟宽 30 厘米、深 15～20 厘米。于 4 月中下旬在畦面按株距 60 厘米各栽 1 行草莓(每畦 2 行)，专用于草莓苗繁殖。而在畦中间的 2 米范围内，按常规密度种青大豆、玉米等。7 月份当草莓匍匐茎伸到大豆行间时，则拔去青大豆，未伸到行间的大豆继续让其生长至 8 月份采收，每 667 米^2 可产青豆荚 150～200 千克。

(6)草莓与水稻轮作 水稻收割后整地做畦，畦宽 1 米、高 20 厘米；畦沟深 15～20 厘米、宽 30 厘米，供灌水、排水兼作人行道。9 月上中旬按行距 25 厘米、株距 15～20 厘米栽植草莓苗。草莓于 5 月份采收结束。

(7)草莓与果树(葡萄、桃、梨、苹果、李、杏、枣、柿、樱桃)间作 果树一般行间较宽，通常为 4～5 米，3～4 年后树冠长大，达到丰产期。幼树时行间空间大，草莓植株小，较耐阴，周期短，见效快，一般每 667 米^2 产 1 000～2 000 千克。9 月份种植，5 月份就可出售，还可与其他作物轮作。以达到以园养园、以短养长的目的。因此，许多种植者均取得了良好的经济效益，不仅草莓丰收了，而且使果树生长加快，提早挂果。

9. 影响草莓产量的主要因素有哪些？草莓的产量如何确定？

(1)影响产量的主要因素 草莓的单株产量主要由花序数、每一花序的花朵数、果个大小、等级果率等构成。单位面积产量则主要与单株平均产量和密度有关。决定单株产量高低的因素主要有品种、茎粗、花芽分化的数量与质量、秧苗质量、栽培方式(设施与露地的栽培环境)及管理水平(特别是肥水管理水平)等。植株果实的多少与大小主要取决于花的多少与大小。花的多少与大小实际上在花芽形成期即已基本确定,而花芽的形成取决于合适的碳氮比及外界合适的温度、光照、湿度等条件。因此,在花芽分化期需平衡供给充足的养分,开花后,应进一步供给果实膨大所必需的养分和水分,以便花芽分化良好,为以后的产量打下良好的基础。

(2)单位面积产量的确定 由于露地草莓栽培受自然条件制约,其温度、光照难以人为地控制,草莓的生长发育往往处于较差的环境条件下,所以产量一般比设施栽培要低。在露地条件下自然休眠结束后,从萌芽至开花结果的时期短、速度快。而半促成栽培,从萌芽至开花结果时期比较长,生长量比较稳定,因此在这一短时期内栽培条件对植株的生长、开花、结果影响很大,往往会引起植株迅速衰弱或再发生徒长,影响开花、结果。这就需要正确地调节生殖生长和营养生长的关系。单株产量除与植株本身的营养积累和花芽分化的数量有关外,还与营养的分配有很大关系,开花后同化产物67%供给花、果实,33%供给叶片。开花结果的同时,叶片可继续生长发育,到开始采收时,叶面积增加才会暂时停止,这样的营养分配可获得较高产量。因此,增大生育初期的叶面积,延长叶、根的寿命,适当控制坐果量,是调节营养生长与生殖生长平衡、提高产量的重要措施。我国地域广阔,气候、土壤、栽培管理水平差异也较大,目前,生产上露地栽培实际产量范围为每667米^2 500～2 500千克。南方地区一般为1 000～1 500千克;北方地区为1 500～2 000千克。因此,为了生产优质果并获得良好的经济效益,露地产量一般以不超过2 000千克为宜。

(3)单株负载量的确定 草莓每一花序通常着生果实10～40

个，同一花序中果实的大小也不相同，一般开花越早形成的果实越大。第一级序果平均果重25～35克，偶尔也有达到100克者，最后一级序果只有3～5克，过小的果实，商品价值低。优质果要求生产的果实单果重20克左右较好，这样不仅收益高，而且操作轻便省力。在生产上疏去高级花序的果实，有利于提高果实的质量。尽管在栽植幼苗时，对苗的质量提出了要求，但每一株苗不可能完全一致，总存在大小之间的差异。由于秧苗质量的差异，造成了抽生花序多少、果实多少、单果重量大小的差异。幼苗展开叶有6～8片，新茎粗在1.5厘米以上的为大苗；有5～6片展开叶，新茎粗1.2～1.4厘米者为中苗；4～5片叶，新茎粗1厘米左右为小苗；新茎粗1厘米以下，3片展开叶以下者为弱苗。一般中苗产量高于大苗，大苗产量和果数高于小苗，但小苗果实成熟较早，果数少，大果的比例较高。露地栽培的苗，要求秧苗花芽分化不宜太早。过早分化容易在冬季过早出现“不时出蕾”而减产。一般应控制在10月上旬开始花芽分化为宜。因此，需根据植株的生长势、地力及单位面积产量目标确定植株的负载量，即每一植株的结果数。一般生长健壮、生长势较强的花序和果实要多留一些，植株矮小生长势较弱的花序和果实要少留一些，通常草莓单株的负载量为150～300克，高的可达500克以上，每序花不超过12个果实。

10. 草莓商品性栽培中规模化栽植有什么意义与优点？哪些问题应引起注意？

优质草莓生产必须建立生产基地，才能从事规模化、标准化的商品性生产，才能有规模效益。否则，以小农经济方式的小生产，很难形成市场甚至会产销脱节，造成损失。

(1)规模化栽植的意义 随着我国加入世界贸易组织

(WTO),国内外的果品市场竞争越来越激烈。为了使我国果实产品在市场竞争中占领市场、扩大市场、立于不败之地,必须生产出名、特、珍、稀、优的高档果品。而优质高档果品的生产与流通必须采用优良的品种、先进的栽培管理技术和有效的营销手段。而生产经营的有效组织与落实、物质质量的保证、良好的社会和生态环境,则是优质草莓生产和流通的必要条件。我国目前的千家万户的分散生产与经营即小农生产,造成了品质参差不齐、农药残留超标、相互压价、出口无批量的产品恶性竞争,制约了产品的优质生产和市场的扩大。这种小农经济的生产与经营已经不适应国际市场的流通,因此政府、企业、科研单位等必须一起组织与合作,在某一个地区进行规模化栽植,并统一经营与销售。

(2)规模化栽植的优点 一是有利于集中优势形成特色产品,提高产品的质量和知名度,从而形成品牌商品。二是有利于统一规划、统一生产技术、统一产品的质量标准、统一对外销售,在市场上形成有竞争力的高质量产品,容易获得竞争主体的地位。三是有利于专业的分工与协作,在物质提供、广告信息、产品生产、产品贮运加工、市场流通等方面可组织专业队伍,整体运作,协调发展。四是有利于栽培技术管理水平的整体提高,品种的更新换代及信息流通。

(3)草莓商品性规模化栽植应注意的问题 为了保证规模化草莓栽培成功,必须有一支吃苦耐劳、技术过硬、实践经验丰富的技术队伍,并能扎根在乡村,为农民提供完善的技术服务,使种植者熟练地掌握全套技术,最好有科研单位和大专院校作为技术后盾。在市场定位上应明确自己产区的区域优势,并注意中档果品的定位问题,注意培养一支能干的销售队伍,以确保产品的畅通销售。在品种选择上,应注意选择适应市场需求、风味好、大果型、耐贮运的品种,注意早、中、晚熟品种搭配的比例及设施栽培和露地栽培的面积比例。在发展加工专用型品种时,注意和国内外食品加工企业或公司合作，生产出优质的草莓加工品。按标准化技术进行生产，必须生产果实大、色泽好、糖度高、有香味、耐贮运、无病虫害、无污染的优质高档绿色产品以满足消费者的需求。

六、草莓保护地栽培技术

1. 草莓保护地栽培有什么意义？主要的栽培形式有哪些？

(1)草莓保护地栽培的意义 一是延长草莓鲜果供应期。最长可达6个月以上，鲜果最早可在11月中下旬开始上市，陆续采收可延长至翌年5月份，采收期长达半年以上，比露地栽培可提早5～6个月，供应鲜果时间比露地栽培多4～5个月。二是产量高，效益好。采用促成栽培可使草莓植株花序抽生得多，连续结果，采果期长，产量高。鲜果上市正值水果生产淡季，单价高，因此经济效益十分可观。三是由于在保护地中相对封闭和可控的条件下，减轻了草莓果实的果面污染，可适当延长单个果实的生长发育期，提高了果实商品率。四是缓解冬闲劳动力剩余问题，充分利用土地和资源。

(2)栽培形式 草莓保护地栽培主要有促成栽培和半促成栽培2种形式。促成栽培有日光温室促成栽培和塑料大棚促成栽培2种类型。在我国北方地区促成栽培以日光温室为主，而塑料大棚促成栽培主要在我国中部和长江流域。促成栽培一般是促进花芽形成后，在休眠前或休眠初期开始保温，促进草莓继续生长。半促成栽培一般是在自然条件下进行并通过自发休眠后，进行保温促进草莓重新开始生长发育；也可人为地创造低温条件使草莓尽快进入并通过休眠，这样的措施可与促进花芽分化同时进行；半促成栽培有日光温室和大棚、中棚、小棚等多种类型。

2. 小拱棚中的环境条件有什么特点？如何控制？

(1)温度 小拱棚内的温度变化大体来说与外界趋势相同，1月份温度最低。一天中最高温度出现在中午前后，日出前温度最低。小拱棚空间小，蓄热与保温能力差，保温效果与外界相差一般为1℃～3℃，温度日变化剧烈。晴天温度上升快，需加强通风防止高温伤害；夜间热量又容易散失，在没有二层覆盖时，在草莓生长期如遇寒流又易发生冻害，有条件的可加盖草苫，否则要加强前期通风，推迟草莓的开始生长期。小拱棚内地温的变化与气温相似，但没有那么剧烈，一般棚内外地温相差5℃～6℃。

(2)光照 小拱棚整体透光较好，随薄膜的污染，透光率有所下降。光照强度与外界的变化相似。一般中部的光照要好于两边的光照。可通过清扫击打棚面灰尘和膜内面水珠等来增加透光强度。

(3)湿度 小拱棚内的空气相对湿度一般在70%以上，明显高于露地，湿度的变化规律与气温的变化正好相反，白天湿度低，夜间湿度高。膜内的水珠沿棚膜流向两侧造成中间土壤易干燥，两侧土壤常湿润。生长期在保证温度的条件下，应加大通风量，包括阴天。

3. 大棚中的环境条件有什么特点？如何控制？

(1)温度 主要包含气温与地温两大方面。大棚内温度的变化也与露地趋势相近，一年中也存在明显的四季变化，1月份温度最低；但在一天中，白天能得到较高的温度来拉大昼夜温差，随着太阳的升起棚内温度迅速升高，中午可超过40℃，夜间温度下降快，最低温度出现在日出前1～2小时。白天易受高温危害，夜间容易发生冻害。晴天中午要加强通风，夜间在温度较低时可采用塑料膜多层覆盖。大棚内存在“温度逆转”现象，即棚内温度低于外界温度，此现象在各季都可能发生，但以春季的发生较明显，产生的危害最大。当有冷空气入侵，白天形成阴天大风，夜间则云消风停，此时易产生这种现象。在大棚内部温度的水平分布也有所差别，南北向大棚午前东侧高于西侧，午后则相反，温差 1℃～3℃；棚中部，中南部温度最高，向外依次降低，在靠近棚边缘 1～2 米处，出现一个明显的低温带，该区内比棚中位置低 2℃～3℃。

大棚内地温的日变化与气温基本一致，但昼夜温差小于气温，高温与低温的出现也推后 2 小时左右，水平分布差别与气温相近，在我国北方一般 10 厘米地温稳定通过 12℃的时间比 5 厘米地温推迟 6～7 天，所以在草莓开始生长初期，要设法提高地温，来减弱草莓地上部枝叶生长与根系水分吸收的矛盾。

(2)光照 大棚内光照强弱随外界光照的变化而变化，总体上低于自然光强。这主要受架材、棚膜质量和棚膜受污染情况的影响。一般可达自然光强的 56%～72%，整体优于日光温室。大棚内垂直方向上光照强度是由上向下逐渐减弱，棚架越高，差别越大。在水平方向上，一般南部大于北部，四周高于中央。南北向大棚光照分布比较均匀，东西向的大棚内南北两侧的光照差别可达 20%～23%。在棚膜外不加覆盖物的情况下，棚内光照时间与外界相近，随季节的变化而变化。在人工补光的情况下则棚内的光照时间要比外界长 2～5 小时。

(3)水分 主要包括空气湿度和土壤湿度。在大棚相对密封的环境内，特别在外界温度较低的草莓生长季节，为了保温，通风受到限制，水分蒸发与草莓植株的蒸腾作用，使空气相对湿度白天达到 60%～80%，夜间达到 80%～100%，形成一种比较稳定的高湿环境。晴天随着温度的上升空气湿度不断下降，在中午达到最低，后逐渐升高。棚内空气湿度的水平分布与气温相反，周边比棚中央高约 10%。一年中棚内的空气湿度在早春和晚秋最高，其他时期则较低。

土壤湿度取决于灌水量,灌水次数和草莓的生长状态。棚内气温较高,灌水次数较多,加上塑料膜的覆盖,使棚内土壤出现浅层土壤湿润,深层水分不足的现象。加上塑料棚膜内水珠不断流向地面,会造成棚内四周或固定某处土壤湿度较大。

(4)气体 大棚内与外界气体的差别主要为气流、二氧化碳与有毒气体的不同。大棚内的气流主要有 2 种形式,一种是基本气流,随着温度的变化由地面向上升起。另一种为回流气流,即流向高处的气流达到顶部后折向下方。基本气流与外界风向相反,受其影响较大,密闭时基本气流速度低,当通风时,流速迅速加快,作物得到的新鲜空气增多。在大棚水平方向上,不同部位,基本气流的流速也不同,大棚中心部位及两端的流速较低,造成这些部位水分不易散失,空气湿度较高而往往成为病害的发源地。春天外界气温较低,不宜通底风,因为基本气流使冷空气贴地表流动,形成低温伤害。

①二氧化碳　棚内二氧化碳的浓度,在下午闭棚后逐渐增加,至日出升到高峰,在通风前达到低谷,通风后有所回升,但仍比室外大气浓度低。白天气体交换率低且光照强的部位,二氧化碳浓度低。整体而言,白天二氧化碳含量是草莓光合作用的控制因子。

②有害气体　主要指氨、二氧化氮、乙烯和氯气等。其中前两种主要是一次施用大量有机肥、铵态氮或尿素产生的,特别在施用大量未腐熟有机肥或尿素的情况下。后两种主要是使用不合格的农用塑料膜产生的。这主要从施肥和通风两方面来解决。

另外,中棚大小介于大棚与小拱棚之间,里面的环境条件基本上也在两者之间。调节措施也与两者相仿。不同的是近年来,在中棚中推广的塑料膜多层覆盖技术,使我国的中部地区(主要指黄河以南与长江以北)在棚膜外部不加盖草苫的情况下,也可以进行促成栽培。但需要注意的是拱棚的保温性无论大小,都不如日光温室，因此在草莓的生长期如出现极端低温也需采取相应的保护措施。具体计算方法可通过用最低温减去草莓上部覆盖的膜层数乘以3，如果得到的温度小于2℃，就可能对草莓形成伤害。

4. 日光温室中的环境条件有什么特点？如何控制？

(1)温度 主要包含气温与地温两大方面。与大棚内温度变化不同，日光温室内部一年中温度变化幅度不大，特别在早春和晚秋，甚至在寒冷的冬季，也都必须能满足草莓生长发育对温度的要求，室内外温差最大出现在寒冷的1月份，以后逐渐减少。温室内的单日温度变化主要受光照强度影响，晴天升温迅速，阴天升温则较困难，如遇连阴天则可能出现白天温度不上升的现象。一天最低气温多出现在膜上覆盖物拉起前后，随着太阳的升起温度迅速上升，每小时上升可达5℃～8℃，中午前后随着通风的加强温度变化幅度不大，中午后温度开始下降，盖上覆盖物后室内短时间温度会有所回升，夜间会缓慢下降7℃左右。这主要取决于温室的蓄热保温效果、管理水平与天气条件；多云阴天下降较少，晴天、大风和寒流时下降较多。在温室相对封闭的条件下，温度在水平与垂直方向上分布都有所差异。在垂直方向上多随高度的上升而增加，一般0.5米以下气温较低，在温室后墙前3～4米处温度最高，白天南高北低，夜间相反。在东西方向上，近门处气温较低，要在门处安置缓冲区。

温室内的地温在寒冷季节显著高于室外，且周年变化幅度较小，一般可保持在12℃以上，水平分布上在中部5厘米深处形成高温区，向南北递减。在东西方向上，除东西两侧靠墙处温度变化幅度较大外，整体差异较小。一般夜间或阴天在垂直方向上，以10厘米地温最高，一天中的最高值比气温的峰值随深度的不同推后1～2小时，最低温度几乎与气温同步。20厘米地温变化较小。

对于温度的调控主要是通过保温、加温和降温来实现。收放覆盖物的标准一般为盖覆盖物后室温回升2℃～3℃，揭覆盖物后室温短时间内下降1℃～2℃，然后回升。若晴天日出前室内温度明显高于临界温度，可适当早揭。在极端寒冷和大风天气，要适当早盖晚揭。阴天适时揭开覆盖物利用散射光升温和促进草莓光合作用。适时通过通风来调节室内高温、高湿或进行气体交换等。如夜间气温过低或出现连阴天使室内温度下降过多而影响草莓正常生长时只有采取加温。

(2)光照 温室内光照的强弱也随外界的光照强度变化而变化。受日光温室建造结构和水平、温室覆膜的成分、质量与受污染情况，以及管理水平多种因素的影响，使温室内的光照强度显著低于外界。特别在东西两侧附近形成弱光区，在垂直方向上从上向下减弱。在温室南部的光照强度显著高于北部，尤其在中部前1米至温室南沿是光照条件最佳区域。为了保温的需要，特别在北方寒冷季节，覆盖物早盖晚揭，使温室内光照时间明显短于外界，这严重制约了草莓的生长发育。所以，在温度允许的情况下，覆盖物适当晚盖早揭。当最短光照时间低于10小时，需要进行人工补光，清扫温室薄膜。使用无滴膜，减少薄膜内水珠，如果用的是普通膜，要及时对膜内面喷洒0.5%明矾+0.25%敌磺钠溶液。对周围的墙体和立柱涂白，或在后墙上挂反光膜(铝箔或聚酯镀铝膜)。

(3)水分 主要包括土壤水分与空气湿度。在密闭的环境内，受水分蒸发与草莓植株的蒸腾作用，日光温室内形成一般比较稳定的高湿环境。白天空气湿度随着温度的升高而下降，中午前后在通风时达到低谷，夜间随着温度的下降而逐步升高，不久后达到饱和。容易在植株的叶面形成水珠，为某些病害的发生发展提供了良好的条件。

土壤水分主要来源于灌水，所以它的多少主要受灌水量、水分蒸发、草莓的生长状态等的影响。在白天由于温度高,空气湿度小,草莓生长旺盛,使下层水向上层移动;夜间草莓生长放缓,空气湿度大,使土壤表层呈现湿润状态,实际土壤已经缺水,却造成不缺水的假象,要避免这种现象影响对温室草莓的水分管理。在夜间水珠从薄膜表面流向温室前沿,形成温室内干湿不均。这就要求在整畦时,畦沟前沿比后部略高。

温室内湿度的调节主要通过灌水、通风来完成。一般阴雨天不灌水,灌水时采用分批间隔灌水法较好,即将温室间隔着分成几部分,每次只灌一部分。通过铺地膜、作物秸秆及通风来降低空气湿度。

(4)气体 温室内与外界气体的差别主要为气流、二氧化碳与有毒气体的不同。温室内气流主要由不同位置的温度不同,使空气密度大小不一,空气上浮和下降而产生,具体可参考前面对温室内温度变化和大棚内气流变化的描述。

①二氧化碳 二氧化碳是草莓进行光合作用的主要原料。一般情况下,空气中二氧化碳浓度很低,只有 200～300 毫升/米^3。在温室内二氧化碳的浓度不如外界那样恒定,变化较大。在一天内含量也不一样,下午太阳落山后,棚内二氧化碳浓度逐渐增加,日出前达最高,升至 500 毫升/米^3,日出 1 个多小时后,随着光合作用的逐渐加强,二氧化碳浓度逐渐下降,上午 9 时降至 100 毫升/米^3,虽然经通风,棚内二氧化碳浓度有所回升,但仍在 300 毫升/米^3 以下,低于棚外二氧化碳的浓度。因此,大棚内二氧化碳浓度低是影响草莓生长发育的限制因素。研究表明,当二氧化碳浓度为 360 毫升/米^3 时,2 万～3 万勒即达到光饱和点,当二氧化碳浓度升至 800 毫升/米^3 时,6 万勒的光强也未达到光饱和点。因此,大棚草莓补施二氧化碳气肥,可以使草莓叶片明显增厚,叶色深绿,果个增大,成熟提前,增产 15%～20%。温室内二氧化碳的来源主要是外界与温室内有机肥的分解,以及草莓呼吸产生的

二氧化碳。在上午太阳升起后2小时至通风前与下午关闭风口后到太阳落山前适当补充二氧化碳，对草莓的生长发育极为有利。

②有害气体　主要指氨、二氧化氮、二氧化硫、乙烯和氯气等。它们的来源主要是施用未腐熟的有机肥，化肥中的铵态氮或尿素，加热时燃烧不完全，使用易分解的有毒塑料制品等。在温室中生长的草莓相对弱，对有害气体的抗性差，所以有害气体如对草莓形成危害，则损失通常较重。

保护地气体的调节主要指增加二氧化碳和防止有害气体的积累过量。增加二氧化碳含量的措施有：一是增施有机肥。二是施用固体二氧化碳，指干冰或二氧化碳缓释肥。三是将市售的二氧化碳钢瓶放置在温室或大棚的中间，在减压阀上安装直径为1厘米的塑料管，在距离棚顶50厘米处固定好，塑料管上每隔100厘米左右用细铁丝烙一直径2毫米的放气孔，注意孔的方向，使棚内接气均匀，一瓶气在667米^{2}的面积上可用25天左右。四是利用硫酸＋碳酸氢铵反应产生二氧化碳，将90％以上的工业浓硫酸慢慢注入3倍的水中，再把一定量的碳酸氢铵(一般1千克/天)用塑料膜包严后在下部扎孔数个，放入盛有稀硫酸的桶内，温室内不超过7米放置1个，位置适当高于草莓。一段时间以后，若在桶内放碳酸氢铵时无气体产生，说明硫酸已用尽，可再向桶内加一些硫酸继续使用，或加水稀释50倍，可作为肥料(硫酸铵)使用，这种方法简便、实用、成本低。需要注意的是在可控条件下，在光照较好，草莓生长旺盛时施用二氧化碳，且要注意其他有害气体的产生。要适量，不是二氧化碳越多越好。

5. 在我国南北地区不同环境条件下草莓栽培主要有哪些差别?

我国幅员辽阔，气候千差万别，按不同气候及与其相适应的草莓栽培管理工作不同,可把我国草莓栽培划分为以下几个不同的大区域:冬季严寒区(简称A区),包括东北、内蒙古高原及我国的西北部。华中寒冷区(B区),包括华北平原、关中地区、黄淮地区及部分云贵高原。冬季温暖区(C区),包括长江流域、四川盆地。华南温暖区(D区),包括两广南部及海南。青藏高原区(E区)。在不同的区域气候各有特点,草莓栽培也形成了各自的特点。主要通过下面几个方面分别叙述它们的差别。

(1)育苗 以B区生产的秧苗较好,质量较高,苗龄适中,是全国草莓生产主要用苗的来源地。南方由于在8～9月份仍然气温偏高,雨水较大,不利于花芽分化;北方则年生长期较短,繁苗系数较低,且苗难以达到壮苗标准,甚至没有经济效益。近年来在南北方,效益高的地区出现了保护地育苗,但育苗成本还是太高,且数量有限,秧苗质量不高,需谨慎选择。

(2)品种选择 在A区春天气温回升晚,一般在4月下旬至5月中旬草莓才进入生长发育期,避开了其他地区特别是B区草莓果实采收盛期,且温度日差大,有利于延迟栽培;近年来日中性的四季草莓在A区适应市场的需求,发展速度较快。在C、D两区要选择休眠浅的,且花芽已开始分化的草莓品种,如红珍珠、红颜、甜查理、吐德拉等。

(3)定植时间 A、E两区可在8月中下旬,B区在8月下旬至9月上中旬,C区在9月上中旬,D区在9月下旬至10月上旬。另外定植时间还受到栽培方式、品种选择、秧苗质量等因素的影响。促成和半促成的适当早栽,露地为防止年前不时现蕾现象的发生应适当晚栽。

(4)种植方式 在A、C两区由于各自特殊的气候,如采用设施促成栽培,果实成熟可较B区提前20～30天。在D区由于冬季外界气温仍可满足草莓的生长发育,因此在不用设施的露地栽培情况下,也可实现促成栽培。

(5)设施目的 气候不同，采取设施栽培的目的也不同，如A区较适宜于利用设施做延迟栽培，B,C,D区宜利用设施做促成和半促成栽培，D区宜利用拱棚做避雨栽培来提高草莓商品果率。

(6)果实成熟时间 由于各地气候条件与栽培方式的不同，果实成熟期也差别较大。在A区，露地草莓果实成熟期在5月下旬至6月下旬，利用设施栽培时，除7月中旬至9月份外，都有果实成熟。B区利用露地加保护地栽培果实成熟期为12月份至翌年5月下旬。C区则可利用促成栽培比B区果实成熟早20～30天。D区主要利用冬季的温暖气候使果实在12月下旬至翌年3月份成熟。

(7)病虫害 在B、C区由于夏季炎热，炭疽病发生较重；C,D两区没有寒冷的冬季，使红中柱根腐病较重，生长季节湿度较大使灰霉病发生较重；北方果实生长期干热气候则有利于白粉病的发生。

E区是一个相对特殊的地区，年平均温度在0℃以下，日较差大，生长期极短，草莓露地栽培经几年的试栽均难产生效益。但日照时间长，太阳辐射照度远大于平原地区，属紫外线高辐射区，光资源不仅丰富，而且季节分配较均匀，实践也证明在E区进行保护地栽培非常成功，保护地栽培时，在栽培条件与技术相仿的情况下，草莓果实质量与单位面积产量、效益等都明显优于其他地区。

6. 草莓设施栽培怎样提高对自然灾害的防御？

草莓设施栽培的生产环境，是靠人为制造的一种能适应草莓生长发育的小气候环境。当冬春季外界寒流来临或连阴降雪，或万里无云连晴数日，都可能对棚(室)内的小气候产生较大影响，所以管理上稍有疏忽，就会使草莓遭受低温寒害或高温热害，造成经济损失。因此要注意采取措施来防御这些自然灾害。

(1)防御低温寒害法 北方地区的严冬，经常受寒流袭击，往往造成连阴数日及降雪，这一时期，一般正值草莓进入开花结果期，对温度要求比较严格，一般白天20℃～25℃，夜间不低于5℃。如果此期在5℃以下，尤其是0℃以下，就会影响草莓授粉受精，造成不结果或结畸形果比例上升而导致减产。

防御措施包括：一是对棚（室）进行多层覆盖保温；棚（室）内搭建小拱棚。二是点燃炭火或设置电热器加温。三是注意天气预报，在寒流到来之前，喷施腐殖酸液肥500倍液。四是对于简易设施，由于承受压力有限，遇到降大雪时，应连夜及时除去棚膜积雪，以免压塌棚室造成较大损失。

(2)防御高温热害法 早春季节是拱棚（温室）草莓果实膨大和成熟时节，此时对温度的要求是白天20℃～25℃，夜间10℃左右。如果天气连续晴暖，光照过强，气温超过30℃草莓生长就会受到抑制，并出现老叶灼伤或焦边，嫩叶叶片变小，不长新叶，果实膨大受阻，根系生长差，甚至造成成片死亡。

防御措施包括：一是及时灌水降温。二是加大通风口，必要时可在后墙底部开洞通风。三是放草帘遮荫，隔1帘放1帘或隔2帘放1帘。

7. 草莓保护地栽培的土壤有什么变化？应如何调控？

(1)保护地栽培土壤的变化 在草莓保护地栽培中，单茬土壤草莓栽培时间延长，施肥量加大，灌水次数多，温度高，土壤整体蒸发量大，而且保护地栽培时一般受到架材的限制，通常固定在某一地块，常年单一种植草莓，使土壤与露地栽培的土壤相比之下变化较大。

在保护地相对较恒定的温湿度条件下，草莓全年的生长期达到8～10个月，草莓地下部的根系不断发生新根，生长活跃，土壤中的微生物也进一步加快了土壤中养分的转化和有机质的分解。保护地相对较封闭，土壤养分一般不易流失，施入的肥料有利于草莓充分吸收利用，减少了肥料损失率。

为满足草莓长期旺盛生长的需要，生产者往往采取大量施入高氮有机肥和大量尿素、硝酸铵、硫酸铵等氮素化肥，因为草莓根系对氮的吸收以硝态氮为主，施入土壤中的的氮不断向硝酸态转化。试验表明，长期施用有机肥具有明显的残效叠加效应，土壤剖面中大量积累，长期连续施用化肥和有机肥均导致土壤剖面中硝态氮的积累；加上保护地状态下，为减轻保护地内部的湿度，灌水方式通常采取少量多次原则，土壤中的硝态氮淋溶流失较少。这导致土壤的 pH 明显低于中性，土壤呈酸化状态。随着土壤酸化现象的加重，草莓根系的活跃程度受到抑制，甚至导致根系黑根比例增加，根吸收能力减弱，特别对磷、钙、镁、铁等元素的有效性降低，草莓植株出现缺素症。

施肥量大，灌水量小，保护地中水分蒸发量大，土壤盐分随着水分上升至土壤表面，使表层土壤盐分进一步积累，土壤溶液浓度加大。土壤的不断盐化使土壤中所含草莓所需的有效元素不断受到干扰，草莓根系吸收困难，草莓生长变弱。土壤酸化和盐化都会造成土壤中有效元素过剩或缺乏，使土壤养分供应失衡。

不同的植物对营养元素的喜好不同，且吸收比例差异较大，长期的单一草莓种植，也会使土壤中草莓所需的营养元素含量不足，土壤养分失衡。另外，同一地块长期的草莓种植也导致土壤中草莓病原菌的大量累积，发生草莓重茬问题，严重时出现草莓大面积的死株现象。

(2)保护地土壤的调控 加强土壤管理，培肥地力，促进草莓根系生长健壮，创造草莓根系生长的良好土壤环境。合理施肥，增施不同种类且经过充分腐熟的有机肥，避免单施含氮有机肥。具体使用可参考对肥料的介绍。对化肥的施用，特别对氮素化肥的施用要掌握“少量多次，施后灌水”的原则，定期检测土壤中各成分的含量和草莓的营养水平。

加强草莓与其他作物间的合理轮作，使作物对土壤养分的吸收均衡，减轻土壤盐化、酸化、有毒物质和病虫害的积累。在草莓采收结束后进行土壤处理，具体做法是利用太阳热进行土壤消毒，在夏季7～8月份高温季节，将基肥中的农家肥施入土壤，深翻30～40厘米，灌透水，然后用塑料薄膜平铺覆盖和加大、小拱棚并密封土壤40天以上，使地温达到50℃以上，以杀死土壤中的病菌和线虫。也可在翻地前，土壤中撒施生石灰80～150千克/667米^2，灌水后覆塑料薄膜可使地温升至70℃左右，杀菌杀虫效果更好。这一消毒方法已被许多种植者应用。

对已发生酸化盐化的土壤，在果实采收后进行灌水洗盐、洗酸，减少或不用酸性化肥。必要时进行换土，或将能移动的保护设施进行地块轮换。

8. 草莓生产中对施用的肥料如何要求？

根据草莓的需肥规律和土壤供肥能力，进行平衡施肥。施肥以有机肥为主，化肥为辅。按照无公害生产的技术标准，具体要求如下。

(1)禁止使用类 未经无害化处理的城市垃圾或含有重金属、橡胶和有害物质的垃圾。

(2)无害化处理后使用类 包括农家肥(如人粪尿、畜禽粪尿、堆肥、沤肥、厩肥、绿肥、作物秸秆肥、泥肥、饼肥、沼气肥等)，工厂化养殖场的畜禽粪便等有机类肥料。无害化处理通常指添加有益微生物后进行的发酵腐熟过程，发酵后要达到相应的腐熟标准和卫生标准(表6-1)。发酵腐熟度的鉴别方法有物理鉴别和化学鉴别2种。

表 6-1　无害化处理后有机肥卫生标准

项　目		卫生标准及要求
高温堆肥	堆肥温度	最高堆温达 60℃～66℃，持续 6～7 天
	蛔虫卵死亡率	96%～100%
	粪大肠菌值	10^{-1}～10^{-2}
	苍　蝇	有效地控制苍蝇孳生，堆肥周围没有活的蛆、蛹或新羽化的成蝇
沼气发酵肥	密封贮存期	30 天以上
	高温沼气发酵温度	(63±2)℃，持续 2 天
	寄生虫卵沉降率	96%以上
	粪大肠菌值	普通沼气发酵 10^{-4}，高温发酵 10^{-1}～10^{-2}
	蚊子、苍蝇	有效地控制蚊蝇孳生，粪液中无孑孓。池的周围没有活的蛆、蛹或新羽化的成蝇
	沼气池残渣	经无害化处理后方可用作农肥
有机肥重金属含量限值	砷(%)	≤0.0050
	镉(%)	≤0.0010
	铅(%)	≤0.0150
	铬(%)	≤0.0500
	汞(%)	≤0.0005

注：表中部分内容摘自中华人民共和国农业行业标准 NY/T 5002—2001《无公害食品　韭菜生产技术规程》附录 C(资料性附录)

①物理鉴别法　一是颜色气味，充分腐熟的有机肥，应是褐色或黑褐色，有黑色汁液，带有氨味，不再有粪便的恶臭味。二是秸秆硬度，用手握经过腐熟的农家肥，湿时柔软，有弹性；干时很脆，易破碎，失去弹性。三是浸出液，取腐熟的肥料加入 5～10 倍清水

搅拌后，放置3～5分钟，浸出液呈淡黄色或黄褐色。四是体积，腐熟后的体积比刚堆时塌陷1/3左右。

②化学鉴别法　测定肥料pH、碳氮比(C/N)等。一般腐熟后肥料的pH略呈碱性，而腐熟过程中pH为酸性。碳氮比在腐熟初期一般为35～40∶1或更高，腐熟后为20～30∶1。

(3)控制使用类　含氯化肥和含氯复合肥应控制使用。

(4)可直接使用类　符合卫生指标的有机肥料、腐殖酸类肥料、微生物肥料、符合国家和行业质量标准的化肥。

9. 草莓生产中使用的肥料种类有哪些？它们各有什么样的性质和养分含量？

在草莓的商品性栽培中，可以使用的肥料分为农家肥料和商品肥料两大类，它们都有各自特点。

(1)农家肥料　指就地取材、就地使用的各种有机肥料。它由含有大量生物物质的动植物残体、排泄物、生物废物等积制而成的。农家肥料包括堆肥、沤肥、厩肥、绿肥、作物秸秆肥、泥肥、饼肥和沼气肥等。

①堆肥　以各类秸秆、落叶、湖草等为原料与人、畜粪便及少量泥土混合堆制，经好气微生物分解而成的一类有机肥料。传统的物料配比为：秸秆500千克、骡马粪300千克、人粪尿100千克、石灰1～1.5千克及水750～1000升，总氮量约5千克。将粉碎后的秸秆与其他物料充分混拌均匀，用水湿润物料，使其持水量达到最大持水量的60%～70%，然后将物料堆成厚约1米的长方形堆。往堆顶泼少许水后，覆盖4～6厘米厚的细土。5～7天后堆内开始发热，再过2～3天，堆温升至60℃左右，如此持续7～10天，即可进行第一次翻堆。10天后进行第二次翻堆，如果堆材达到黑、烂、臭的程度，表明基本腐熟，可以使用。如果堆材还未腐

熟，还需进行第三次翻堆。

②沤肥　所用物料与堆肥相同，只是在淹水条件下，经微生物嫌气发酵而成的一类有机肥料。由于沤肥分解速度较慢，有机质和氮素损失较少，并积累了一定量的腐殖质，沤肥的质量相对较好。

③厩肥　以猪、牛、马、鸡、鸭等畜禽的粪尿为主，与秸秆或土等垫料堆积并经微生物作用而成的一类有机肥料。厩肥具有较长的后效，如果常年大量施用，土壤中可积累较多的腐殖质，不仅可改良土壤结构，而且对提高土壤肥力具有积极作用。

④绿肥　指用作肥料的野生或栽培的绿色植物体。绿肥对提高土壤肥力，保证作物高产稳产具有重要作用，是一类优质的有机肥料肥源。绿肥的施用方法有 2 种，一种是直接翻耕，另一种是堆沤。堆沤可以使绿肥的肥效变得较平稳，而且也可以消除绿肥分解过程中产生的有害物质的危害。

⑤作物秸秆肥　以麦秸、稻草、玉米秸、豆秸、油菜秸等直接还田的肥料。秸秆直接还田可以改善土壤理化性质，固定和保存氮素养分，促进土壤中难溶性养分的溶解。为了提高秸秆还田效果，应配合施用适量氮肥或氮、磷肥。

⑥泥肥　指未受污染的河泥、塘泥、沟泥、湖泥等经嫌气微生物分解而成的肥料。

⑦饼肥　指以各种含油分较多的种子经压榨后的残渣制成的肥料，如菜籽饼、棉籽饼、豆饼、芝麻饼、花生饼、蓖麻饼等。饼肥富含有机质和氮素，并含有相当数量的磷、钾及各种微量元素，养分完全，肥效持久，是优质有机肥料。饼肥适用于各种土壤及多种植物，可以提高产量、改善品质。饼肥可以作基肥、追肥，用作追肥时，必须经过发酵腐熟。

⑧沼气肥　在密闭的沼气池中，有机物在厌氧条件下经微生物发酵制取沼气后的副产物。沼气肥包括沼气水肥和沼气渣肥

2部分，它们的养分状况因原料、发酵条件而异。沼气渣肥的氮、磷、钾三要素含量比一般的堆肥高。每100千克沼气渣肥相当于6千克硫酸铵、10千克过磷酸钙、2.5千克硫酸钾。沼液中氮、磷、钾含量与一般的无土厩肥相近，但是沼液中速效养分含量高于厩肥。与堆肥一样，沼气肥也必须经过高温发酵，达到无害化卫生标准。

(2)商品有机肥　以大量动植物残体、排泄物及其他生物废物为原料加工制成的商品肥料。目前，在我国用作商品有机肥的原料主要有饼肥、作物秸秆、动物粪便等。商品有机肥都要经过堆、沤、发酵过程，然后干燥、筛选、包装。

(3)腐殖酸类肥料　以含有腐殖酸类物质的泥炭、褐煤、风化煤等为主要原料，经过加工制成含有植物营养成分的肥料。腐殖酸类肥料是一类多功能复合肥，具有改良土壤、促进植物多微量元素的吸收、增加化肥的肥效、刺激植物生长、增强植物抗旱能力的作用。

(4)微生物肥料　以特定微生物菌种培养生产的含活微生物的制剂。根据微生物肥料对改善植物营养元素的不同，可以分为5类：根瘤菌肥料、固氮菌肥料、磷细菌肥料、硅酸盐细菌肥料、复合微生物肥料。

(5)有机复合肥　指经无害化处理后的畜禽粪便及其他生物废物加入适量的微量营养元素制成的肥料。

(6)化肥　包括氮肥、磷肥、钾肥、钙肥、硫肥、镁肥、复合肥等。

(7)叶面肥料　喷施于植物叶片并能被其吸收利用的肥料，包括含微量元素的叶面肥和含植物辅助物质的叶面肥等。叶面肥料中不得含有化学合成的植物生长调节剂。

草莓园常用肥料养分含量见表6-2、表6-3。

表 6-2　草莓园常用有机肥料养分含量参考

名　称	养分含量(%)			备　注
	氮(N)	磷(P_2O_5)	钾(K_2O)	
人粪尿(鲜)	0.60	0.10	0.30	
人粪尿(干物)	1.9～2.2	1.5	1.1～1.2	
猪粪(湿)	0.5～0.6	0.41～0.45	0.26～0.50	
猪粪(干物)	1.07～3.05	2.25	2.5	
猪厩肥(干物)	0.329～0.660	0.19	0.60	
牛粪(鲜)	0.29	0.17	0.10	
牛粪(干物)	0.865～1.350	—	—	
马粪(鲜)	0.44	0.35	0.35	
马粪(干物)	1.376	—	—	
羊粪(干物)	0.547	0.245	0.294	
羊粪(鲜)	0.55	0.31	0.15	
鸡粪(鲜)	0.7～1.9	1.5～2.0	0.8～1.0	
普通堆肥	0.40～0.50	0.18～0.20	0.45～0.70	
高温堆肥	1.05～2.00	0.30～0.80	0.47～0.53	
大豆饼(干物)	6.71～8.96	1.35～1.74	2.30～2.54	
棉籽饼(干物)	3.54～6.05	1.49～2.50	0.85～1.82	
菜籽饼(干物)	4.90～6.80	3.73	1.25	
花生饼(风干)	6.32～6.40	1.10～1.17	1.34～1.90	
苜蓿(鲜体)	0.56	0.13	0.31	绿肥养分含量

续表 6-2

名　称	养分含量(%)			备　注
	氮(N)	磷(P_2O_5)	钾(K_2O)	
苜蓿(风干)	2.32	0.78	1.31	绿肥养分含量
田菁(鲜体)	0.52	0.20～0.50	0.20～0.50	绿肥养分含量
田菁(风干)	3.01	2.82	2.23	绿肥养分含量
玉米秸(风干)	0.61	0.27	2.28	
小麦秸(风干)	0.46	0.07	2.01	

表 6-3　草莓园常用化肥、微肥和复合肥的种类含量性质及使用方法

肥　料	名　称	主要成分	元　素	含量(%)	性　质	使用方法
氮肥	尿　素	$CO(NH_2)_2$	N	46	白色颗粒状,易溶于水,中性,不被土壤吸收,属铵态氮	作基肥、追肥和根外喷施。生长季喷施浓度为 0.3%～0.5%
	碳酸氢铵	NH_4HCO_3	N	17.5	白色细粒状结晶,具强烈氨气味,碱性,速效;易挥发和被土壤吸收,属铵态氮	作基肥和追肥施用。施后注意盖土
	硫酸铵	$(NH_4)_2SO_4$	N	21	纯品为白色结晶,工业产品多含杂色;易溶于水,速效;属铵态氮,为生理酸性肥料	作基肥和追肥施用
	硝酸钙	$Ca(NO_3)_2$	N	10～13	属生理碱性肥料;吸湿性强,易结块,含硝态氮,速效,土壤不易吸收	作基肥和追肥施用

续表 6-3

肥料	名称	主要成分	元素	含量(%)	性质	使用方法
磷肥	过磷酸钙	$Ca(H_2PO_4)_2 \cdot 2CaSO_4$	P_2O_5	14～20	灰白色或浅灰色粉末，或颗粒状；呈酸性，易溶于水，速效；易被土壤固定；防止吸潮	作基肥、追肥和根外喷施。根外喷施浓度为2%～3%为宜；作基肥时适当深施，且与有机肥料混合施用为宜
钾肥	氯化钾	KCl	K_2O	60	白色、浅黄色或紫红色结晶，易溶于水，速效；属生理酸性肥料	作基肥、追肥和根外喷施。根外喷施浓度为0.1%～0.3%
	硫酸钾	K_2SO_4	K_2O	50～52	为白色结晶，溶于水，速效；属生理酸性肥料	作基肥、追肥和根外追肥。根外喷施浓度为0.2%～0.4%
硼肥	硼酸	H_3BO_3	B	17	白色结晶或粉末，易溶于水	作基肥或根外追肥。根外追肥浓度为0.1%～0.4%
	硼砂	$Na_2B_4O_7 \cdot 10H_2O$	B	11	白色结晶体或粉末状，稍溶于冷水，易溶于热水，溶液呈强碱性	作基肥或根外追肥。根外追肥浓度为0.1%～0.4%
铁肥	硫酸亚铁	$FeSO_4 \cdot 7H_2O$	Fe	19	浅绿色结晶体，溶于水	多作基肥施用，若与有机肥混合施用，效果较佳；根外喷施浓度为0.2%～0.5%
	螯合铁	FeEDTA	Fe	14	含铁的络合物	作根外追肥，喷洒浓度为0.05%～0.1%

续表 6-3

肥料	名称	主要成分	元素	含量(%)	性质	使用方法
复合肥	磷酸二氢钾	KH_2PO_4	P_2O_5 : K_2O	52 : 35	白色结晶，易溶于水，呈酸性反应	多作叶面喷施，浓度以 0.1%～0.3% 为宜
	硝酸钾	KNO_3	N : K_2O	13 : 45	白色结晶，易溶于水；含硝态氮	叶面喷施，浓度以 0.2%～0.5%为宜
	磷酸二铵	$(NH_4)_2HPO_4$	N : P_2O_5	21 : 53	灰白色，颗粒状，呈碱性反应，高温高湿条件下易挥发放出氨	可作基肥或追肥
	磷酸二氢铵	$NH_4H_2PO_4$	N : P_2O_5	12 : 60	纯品为灰白色，呈酸性反应，pH 4.4，较稳定，水溶性；国内产品多为含磷酸二铵的混合物	可作基肥或追肥

10. 草莓保护地栽培中如何对草莓园进行选择与规划?

草莓保护地栽培的园地，一般选择光照良好、土地平坦、土壤肥沃、有良好灌溉条件的田块。园区周围没有高大的建筑物和树木，山坡上建园需在小于 10°的南坡上。在有强烈季风的地区要选择防风林，或有人工及天然屏障的地方，山区避开山谷风。园区要远离环境污染较重的地区，地下水位低，且有洁净的质量较高的水源。

首先规划道路和小区，每小区面积 3 公顷左右为宜。道路边需有排水沟，多雨地区注意围沟(宽 1 米、深 1 米)，腰沟(宽 80 厘米、深 80 厘米)和条沟(宽 40 厘米、深 60 厘米)相通，以利于雨水及时排出。田块的北面一般设计成日光温室，南面可设计成拱棚或日光温室。日光温室一般为东西方向，坐北朝南，北面和东西两面是墙，朝南半坡为拱式采光面，两个日光温室之间的南北间距通常为6～8米，可设计成中小拱棚插入两日光温室之间，以提高土地利用率和设施内的增温效果。大拱棚一般为南北方向，东西双坡拱式面采光。两个大拱棚之间，南北间距一般为3～4米，东西间距2～3米。棚的四周设排水沟，多风区棚的设计要交错排列，以免形成风的通道。日光温室和大拱棚的宽度一般为8～10米，最宽不超过12米，长度一般为60～70米，最长不超过100米，设施最高点的高度一般为2～3.5米。中小拱棚一般宽1.5～6米，顶高1～1.8米，长一般为50～60米，以利于通风和作业。

11. 中小拱棚的结构怎样？应如何建造？

中小拱棚是相对于塑料大棚而言的一种保护地形式，二者并无截然区别，一般将棚高低于1.8米的棚称为中小拱棚，而将棚高高于1.8米的称为塑料大棚。中拱棚的规格多种多样，各地可根据具体情况灵活掌握。小拱棚的骨架一般采用竹竿或杂木制成，也有用钢筋焊成拱形骨架的。通常有以下3种形式：一是棚高0.5～0.8米、宽1.2～1.8米。这种拱棚不需要立柱，只需用竹片做成拱形骨架，上覆塑料薄膜即可。二是棚高1.2～1.5米、宽3.6米，棚中间需立1排1.2～1.5米高的立柱，立柱与立柱间距离为3米。棚内可做5条50厘米宽的垄或3个1米宽的畦，可栽12行草莓，株距15厘米左右。三是棚高1.8米、宽5.4～6米，需立2～3排立柱，两侧立柱距中间立柱距离为1.5米，单排立柱间距3米，每排立柱上拉铁丝或竹竿作横梁。立柱应在秋季埋好，以备早春覆膜。棚内可做6～8条50厘米宽的垄或5个1米宽的畦，共栽12～20行草莓，株距15厘米。

中小拱棚的长度一般为50～60米，不宜过长，因为过长不利于通风和作业，过短保温效果也不好，棚的方向以南北向为宜，棚上用塑料薄膜覆盖，用0.05～0.1毫米厚的聚乙烯薄膜，膜要拉紧，棚顶每隔一定距离用塑料绳或铁丝压紧，以防大风掀棚。

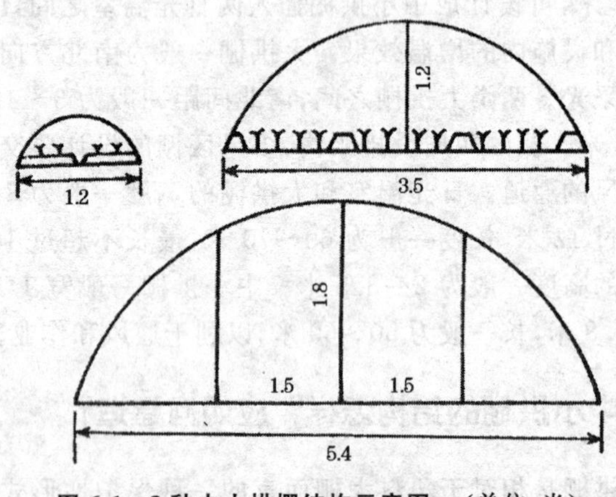

图6-1　3种中小拱棚结构示意图　（单位：米）

12. 大拱棚的结构怎样？应如何建造？

塑料大拱棚结构较简单，成本也较低，便于大面积推广，而且只要设计施工合理，措施得当，也能取得较好的保温效果，在黄淮地区也可用于促成栽培。

为使棚内光照分布均匀，大棚一般南北走向（即南北延伸），棚的北面有防风林或防风网遮挡，有利于防风、保温。大棚的骨架材料可用钢筋水泥预制结构、竹木结构、金属结构或其他复合材料，但不论使用何种材料，大棚中间南北方向上，按预制板构成的平面可备放覆盖物用。棚面最好设计成拱形，接近地面处增大棚面与地平面夹角（70°～90°为宜），构成“肩”。“肩”高1～1.3米，这样可以充分利用棚内空间。棚跨度（即棚宽）8～14米，脊高2.8～3米，南北长50～80米，即每棚面积667～1 000米^{2}为宜，过大则坚固性不好，抗风性差，增加工作难度；过小则土地利用率低，棚内温度波动大。几种塑料大棚的结构见图 6-2 至图 6-4。

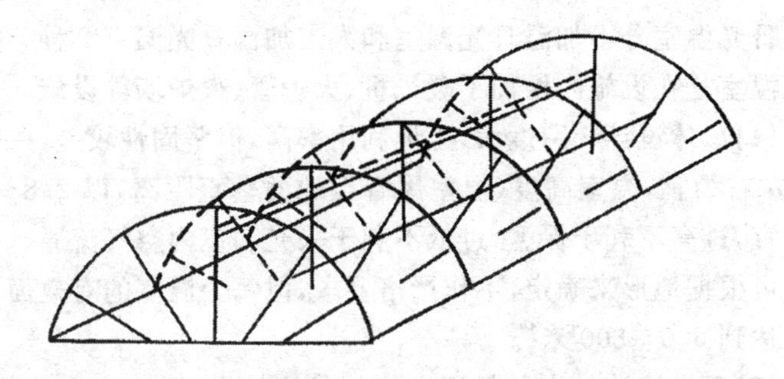

图 6-2　竹木结构塑料大棚的骨架结构示意图

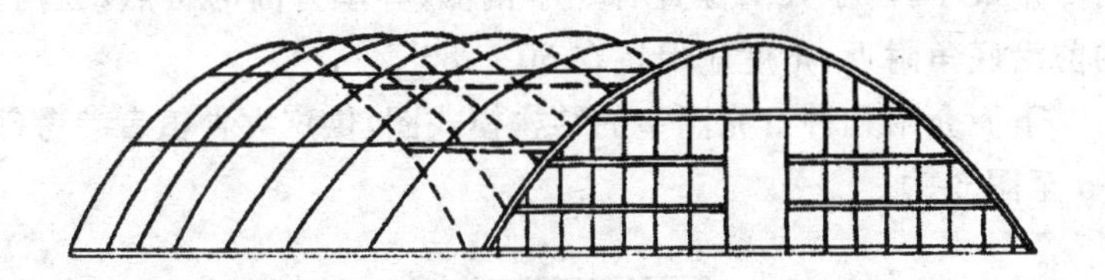

图 6-3　管架塑料大棚的结构示意图

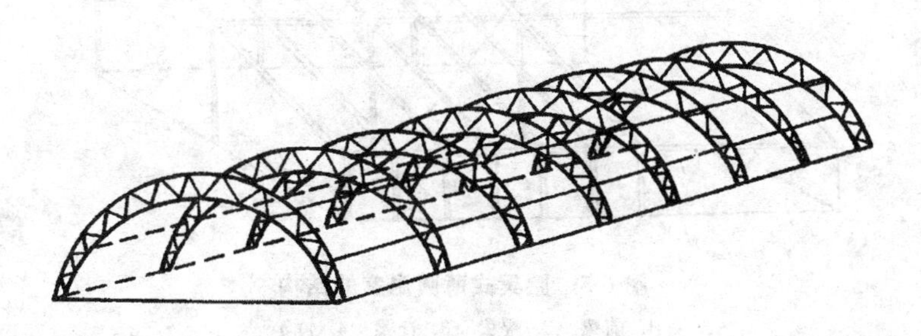

图 6-4　钢架塑料大棚的结构示意图

13. 温室的结构怎样？应如何建造？

日光温室分不加温日光温室和人工加温日光温室 2 种。加温日光温室是在设施内增加了暖风机、火炉管、火炉墙等设施。

(1)总体设计 跨度大，土地利用率高，但坚固性较差，一般以 8 米左右为宜，温室高度（温室屋脊至地面垂直距离）以 2.8～3.5 米为宜，过高不利于保温，过低不利于采光和室内空气流通。温室长度可根据地形来确定，不作严格要求，但每个温室的有效面积最好能达到 500～800 米^2。

(2)采光设计 为了保证良好的栽培效果，温室应坐北朝南。采光屋面要有一定的角度，使采光屋面与太阳光线所构成的入射角尽量最小，由于太阳位置有冬季偏低、春季升高的特点，在温室的前沿底角附近，角度应保持在 60°～80°。

下面介绍几种日光温室的结构模式图，供广大种植者参考（图 6-5 至图 6-9）。

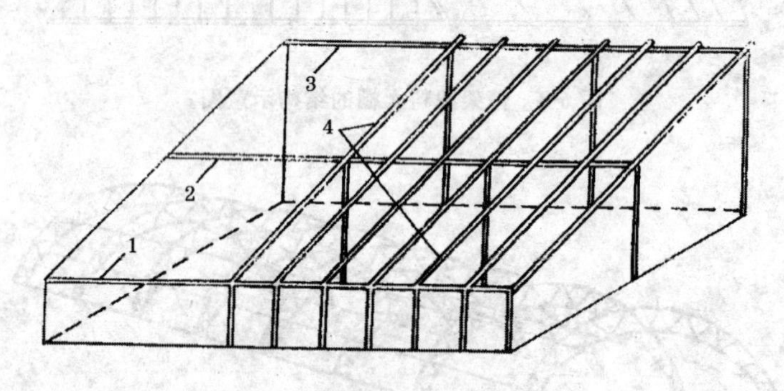

图 6-5 腰梁式薄膜温室的结构

1. 前梁 2. 腰梁 3. 脊梁 4. 竹竿

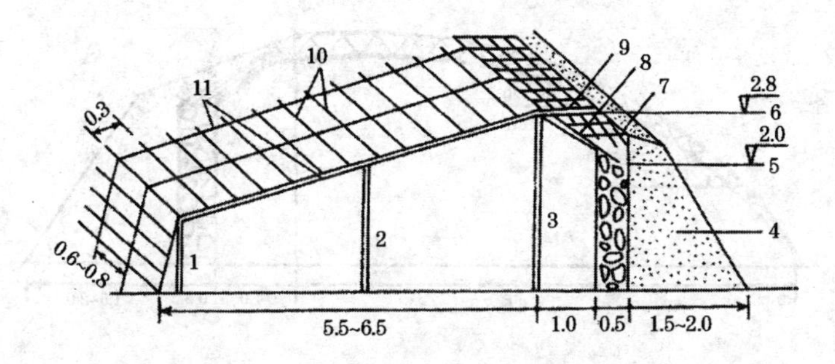

图 6-6　竹木—斜架—立式薄膜温室的结构　(单位:米)

1. 前柱　2. 中柱　3. 脊柱　4. 防寒土　5. 后墙　6. 后屋面　7. 草泥土　8. 秸秆或草苫　9. 短木、竹帘　10. 8 号铁丝　11. 竹竿(片)

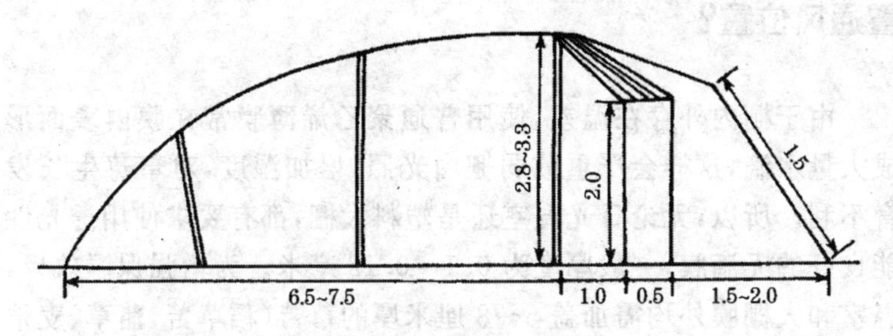

图 6-7　拱圆式竹木架薄膜温室的结构　(单位:米)

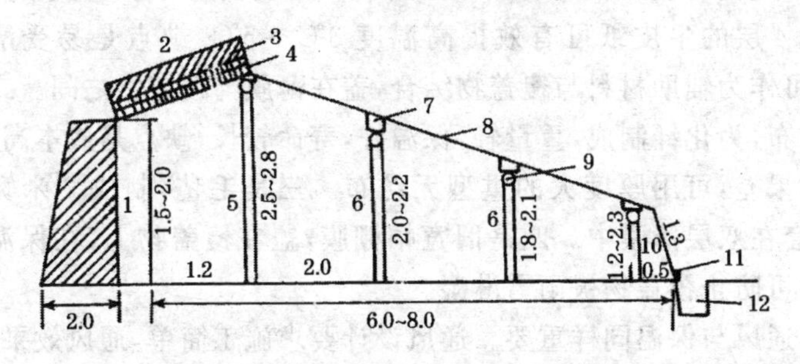

图 6-8　简易日光温室结构　(单位:米)

1. 后墙　2. 后屋面　3. 黄泥　4. 玉米秆　5. 脊柱　6. 中柱　7. 木垫　8. 顺梁　9. 横梁　10. 前柱　11. 木橛　12. 防寒沟

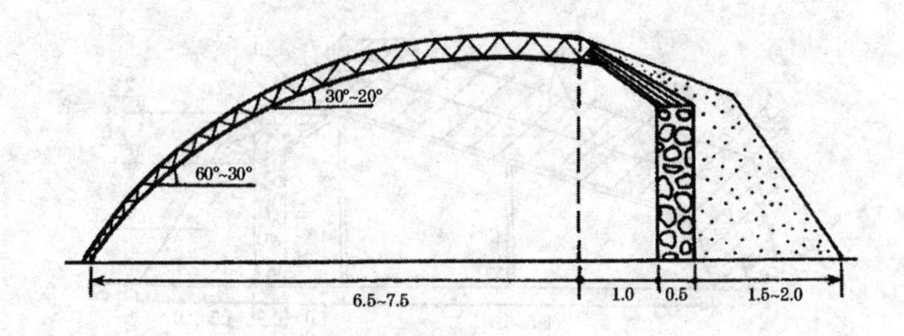

图 6-9 钢铁拱架类型日光温室 （单位:米）

14. 大拱棚和日光温室的覆盖材料有哪些？如何设置通风位置？

由于棚内外存在温差,使用普通聚乙烯薄膜常在膜内表面形成大量水滴,这样会严重减弱棚内光照,增加湿度,对草莓生长发育不利。所以,无论日光温室还是塑料大棚,都有要求使用透光性能良好的无滴膜,一般厚度为 0.1～0.12 毫米。为增强保温效果,温室和大棚膜外均需加盖 5～8 厘米厚的草苫(稻草苫、蒲草、麦秸苫)。其他的覆盖物还有以下几种:一是纸被,多用牛皮纸缝成,一般 4 层的牛皮纸可有效提高温度 3℃～5℃,缺点是易受潮破碎,可作为辅助材料与覆盖物结合,盖在薄膜与覆盖物之间。二是无纺布,为化纤制成,重量轻,保温好,寿命较长,缺点是成本高,防风效果差,可用厚度大的重型无纺布。三是毛毡,制成 2 米宽一块,套在双层薄膜中。四是旧宽幅棚膜,盖在覆盖物上,在保温的同时可防止覆盖物被雨雪淋湿。

通风与保温同样重要。通风设计要求施工简单,通风效果好。一般在温室的北墙设置若干通风窗,根据通风需要,可打开 1 个或几个。在温室的采光面前沿高 1.2～1.5 米处设置通风口,或在温室的前坡前 1 米处设置顶风口。这样,空气通过"缝"与通风窗对流,加强了通风效果。塑料大棚虽然也可在北墙上设置通风窗,但还是以两侧“腰”风口通风为好。根据通风需要,可单侧,也可双侧扒缝,“缝”可大可小,灵活方便。

15. 草莓半促成栽培有什么特点?可选择哪些草莓品种?对草莓秧苗质量有什么要求?

草莓半促成栽培是指让草莓植株在秋冬自然条件下满足它的低温需求量,基本上通过了自发休眠,但休眠还未完全醒前,人为强制打破休眠之后,再进行保温或加温,促进植株生长和开花结果,使果实在1～4月份采收上市的栽培方式。半促成栽培有日光温室半促成栽培和塑料大棚半促成栽培2种类型。在我国北方地区半促成栽培以日光温室为主,而塑料大棚半促成栽培主要在我国中部和长江流域。

草莓半促成栽培要求选择低温需求量中等、果个大、丰产、耐贮运性强的品种,如达赛莱克特、弗杰尼亚、吐德拉、甜查理、全明星等。为了体现半促成栽培的优势,应采用假植的优质壮苗。定植草莓植株的标准要求具有5～6片展开叶,叶色深绿,新茎粗1.2厘米以上,根系发达,苗重20克以上,无明显病虫害。与促成栽培对苗的要求不同,半促成栽培用苗不要求花芽分化早,而要求花芽分化好,分化花序多,每个花序的花数不过多,果形正,畸形果少。

16. 草莓半促成栽培如何进行覆膜?覆膜前主要有哪些工作?

草莓半促成栽培覆盖棚膜前的主要工作是备地、定植及缓苗期的管理。

(1)土壤消毒 草莓半促成栽培由于使用的设施相对固定,往往在同一地块多年连作栽培(重茬),土传病害和有害微生物的积累和蔓延,根际周围的营养平衡失调以及根系分泌的有毒物质等因素的综合影响,导致草莓生产中存在严重的连作障碍,造成病害严重、生长发育受阻、长势衰弱,甚至植株死亡、严重减产、绝收等严重危害。连作主要表现的病害为黄萎病、枯萎病、根腐病、革腐病等,为了确保优质、丰产,每年在定植前要实施温室土壤消毒。目前最安全、无公害的方法是利用太阳热进行土壤消毒,具体做法参考对草莓保护地土壤的调控中所做的介绍。

(2)整地做垄 7月初平整土地,每667米^2 施入腐熟的优质农家肥5000千克和氮磷钾复合肥50千克(如进行太阳热消毒,农家肥可在消毒前加入),然后做成南北走向的大垄。采用大垄栽培草莓可增加受光面积,提高土壤的温度,有利于草莓植株管理和果实采收。大垄的规格为垄面上宽50～60厘米、下宽60～70厘米、高30～40厘米,垄沟宽达30厘米。

(3)定植 根据栽培区域和育苗方式确定草莓植株定植时期。对于营养钵假植苗,当顶花芽分化的植株达80%时进行定植,我国北方地区一般在9月中下旬定植。营养钵假植苗定植过早,会推迟花芽分化,从而影响前期产量;定植过迟,会影响腋花芽的分化,出现采收期间隔拉长现象,从而影响整体产量。对于非假植苗,一般是在顶花芽分化后的10天左右定植,定植后缓苗期正赶上花芽分化,由于正在缓苗的植株从土壤中吸收氮素营养的能力比较差,所以有利于花芽分化。北方棚室栽培一般在8月下旬至9月初定植,南方大棚栽培在9月中旬至10月初定植。

采取大垄双行的定植方式,株距15～20厘米,小行距30～35厘米,每667米^2 用苗量8000～10000株。定植时秧苗不宜深也不宜浅,要做到埋根留心,幼苗的弓背方向朝向垄沟,以便以后从弓背方向抽生的花序伸向垄沟方向,使果实生长于垄两侧,可使果实光照充分,着色良好,采收也方便。

定植最好选择连阴天进行，如定植和定植缓苗期的光照强烈，温度较高的情况下，在必要时要采取遮荫措施，定植后的前 7 天内，每 1～2 天需灌 1 次水，以后依土壤湿度与缓苗程度拉大灌水间隔，以保证秧苗成活良好。

(4)覆膜保温　半促成栽培的主采收期在促成栽培和露地栽培之间，是周年供应、均衡上市不可缺少的栽培方式，由于半促成栽培是在草莓植株的自然休眠通过之前开始保温，所以何时开始保温显得尤为重要。草莓半促成栽培的棚室保温时间要根据品种的休眠特性、当地的气温条件、生产的目的、保温设施等来确定。休眠浅、低温需求量低的品种，解除休眠的时间早，可以早扣棚保温；休眠深的品种，低温需求量高，解除休眠的时期晚，扣棚保温时期可适当晚些。如果保温过早，则植株经历的低温量不足，升温后植株生长势弱、叶片小、叶柄短、花序也短，抽生的花序虽然能够开花结果但所结果实小而硬，种子外凸，既影响产量，又影响品质；若保温过晚，草莓植株经历的低温量过多，植株会出现叶片薄、叶柄长等徒长现象，而且大量发生匍匐茎，消耗大量养分，不利于果实的发育。

以早熟为目的，保温宜早，在夜间温度低于 15℃以下时及时覆膜，如以丰产为目的，可稍迟一些，不影响腋花芽的发育即可。设施不同，其保温性能差别较大，因而用作半促成栽培其保温适期也有所不同。北方地区利用日光温室进行半促成栽培时，扣棚最早在 11 月中旬，一般在 12 月中旬至翌年 1 月上旬。在江浙地区利用大棚进行半促成栽培时，当选用低温需求量在 100 小时以下的浅休眠品种时，扣棚时间在 10 月底至 11 月初，一般品种在 12 月中旬至翌年 1 月上中旬扣棚保温。

(5)地膜覆盖　扣棚保温后 7～10 天即可进行地膜覆盖，盖膜后立即破膜提苗，地膜展平后立即进行灌水。

17. 草莓半促成栽培覆膜保温后如何进行管理?

草莓半促成栽培保温后的管理主要内容包括温度、光照的调控和植株管理、施肥、灌水及病虫害的防治。

(1)温度的调控 随着秋季温度的降低,日照缩短,草莓开始进入休眠期,各品种对低温需求量不同,进入休眠的时期也有早有晚。对于休眠浅的品种要早保温,休眠深的品种保温相对推迟。一旦进入休眠以后,各品种必须满足其低温需求后才会打破休眠恢复生长。如果低温量不足,即使设施保温,植株仍然矮化,产量不高;相反,如果低温量过多植株生长旺盛,发生徒长,产量也会降低。一般半促成栽培的扣棚保温时期在低温需求量基本满足的休眠解除期,即在完全打破休眠之前,保温期一般在12月中旬至翌年1月上旬。

①扣棚后至出蕾期 为了促进植株生长,防止矮化苗进入休眠期,也为了使花蕾发育均匀一致,这时需由低温逐渐转为高温管理。其适宜温度白天18℃～32℃,夜间9℃～10℃。在不发生烧叶的情况下,大棚与小拱棚都要完全密闭封棚,使其提早打破休眠。发现高温轻微伤叶可喷洒少量水分,如果晴天,短时35℃对植株影响不大,但在40℃以上,应通风降温,温度绝对不能超过48℃。在扣棚的10天内,一般只对大棚通风换气调节温度,小拱棚暂时不通风,以保持较高的空气湿度。

②现蕾期 即开始出蕾至开花始期,当2～3片新叶展开时,温度又逐渐降低,除大棚外,小拱棚也需通风换气。白天温度25℃～28℃,夜间8℃～10℃,此时正是花粉母细胞四分期,对温度变化极为敏感,容易发生高温或低温伤害,要防止设施内温度的急剧变化,绝不能有短时间35℃以上的高温。

③开花期 即开花始期至开花盛期。适宜温度白天23℃～25℃,夜间8℃～10℃。在30℃～35℃及以上时,花粉发芽力降

低，在0℃以下，雌蕊受冻害，花蕊变黑不再结果，因此应注意夜间保温。

④果实膨大期　此期白天宜保持温度18℃～25℃，夜间5℃～8℃。冬季最低温度要保持在2℃～3℃及以上。此时温度高，成熟上市早，但果个小。如果温度低，采收推迟，但果个大。可根据市场价格来调节温度，以利于提高经济效益。

⑤果实采收期　温度可稍低些，保持夜间温度在5℃以上，注意换气、灌水和病虫害防治。但不可使温度过低而使草莓被迫进入休眠状态。所以，在实际操作中整体要比所要求的温度高2℃～3℃，保持植株上不断有果实采收，新果产生，生长旺盛才可获得优质丰产。

(2)光照控制　半促成栽培与促成栽培除采用电照栽培外，还采用遮光处理，即在扣棚保温前的20～30天用遮光率50%～60%的遮阳网对草莓进行遮光处理，以促进植株生根，防止植株休眠。但遮光处理时间过长，影响植株的光合产物积累，从而影响草莓产量和品质。

(3)植株管理　从定植至果实采收结束，植株一直进行着叶片和花茎的更新，为保证草莓植株处于正常的生长发育状态，花芽分化和发育符合要求，经常进行植株管理工作是必须的。

①摘老叶和病叶　植株定植成活后，新叶不断发出，子苗所带的叶片逐渐变色老化，失去光合作用的功能，应及时摘除，这是第一次摘叶。由于新叶与老叶制造的物质不同，老叶具有较多抑制花芽分化的物质，在整个生育期间要不断地摘除老叶，以促进花芽分化。同时老叶、病叶制造的光合产物抵不上自身的消耗成为无功能叶，而衰老叶片也容易诱发病害。因此，在新生叶片逐渐能维持植株正常生长、开花结果时，应定期摘除病叶和黄化老叶，以减少草莓植株养分消耗，改善植株间的通风透光情况和减少病害。另外，在开花结果期，如果植株长势过旺，叶片数过多，即使未衰老

成熟的叶片也可部分摘除。但不能过度摘叶，一般每株保持12～15片叶，否则会使开花和果实膨大缓慢、延迟成熟期。

②剪匍匐茎、掰弱芽　当植株发出新叶后，会不断发出腋芽和匍匐茎，为了减少植株的营养消耗，增加产量和大果率，必须及早去除刚抽生的腋芽和匍匐茎，这样可避免较大的伤口，促进顶芽开花结果。在去弱芽时需根据不同的品种、秧苗质量和株行距，留强壮的腋芽1～3个，密度大的留1个壮腋芽，密度小的留3个壮腋芽，密度中等的留2个壮腋芽。另外，结果后的花序要及时去掉。

③花序整理　草莓花序属二歧聚伞花序或多歧聚伞花序，花序上高级次花分化得较差，所结果实较小，对产量形成的意义不大。因此，要进行花序整理以合理留用果实，一般生产上每个花序留果实7～10个。果实成熟期，花序会因果实太重而伏地，易引起灰霉病及其他病害发生，造成烂果。生产上常在垄两端，花序抽生的一侧拉上线绳，将花柄搭于线绳上，这样花果悬空，利于果实着色、果面干净和减少病害的发生。此外，结果后的花序要及时去掉，以促进新花序的抽生。

(4)花果管理　目的是减少畸形果的产生，保持有较高的商品果率，主要有下面2方面的内容。

①花期授粉　花期可结合人工授粉或放蜂来提高授粉质量，提高坐果率，减少畸形果的发生，一般每667米^{2}棚室放1～2箱蜂，注意通风口上要用纱布封好，防止蜜蜂飞走。蜜蜂箱一般应在花前1周放入，以便使蜜蜂能更好地适应棚室内的环境。在棚内温度低于14℃或高于32℃时，蜜蜂活动较迟钝而缓慢，在晴天上午9时至下午15时，大棚内气温在20℃以上时，蜜蜂活动非常活跃，授粉效果很好，注意放蜂期不能使用杀虫剂，应选择性地施用杀菌剂，并注意防止高温多湿给蜜蜂带来病害。

②疏花疏果　疏花疏果可减少营养的消耗，使营养集中在留下的花果上，从而增加果实的体积和重量。一般大果型品种保留

第一级、第二级序花和部分第三级序花，中小型果品种保留 1～3 级序花花蕾，对第四级、第五级序花全部摘去同时注意摘去病虫果、畸形果，一般第一花序留 8～10 个果，第二花序留 6～8 个果，第三花序留 5～7 个果。具体留果数可根据花梗的粗细，叶片数量和叶片大小，厚度、颜色来决定。花序数多，花梗粗，叶片多、大而厚、叶色深的品种要多留果，反之要少留果。

(5)追肥技术 半促成栽培的草莓不同于露地，植株长时间保持着旺盛的营养生长与生殖生长，开花结果期达 3 个月以上，植株的负载果也较重。为了防止植株和根系早衰，除了在定植前施足基肥外，在整个植株生长期适时追肥就显得特别重要。考虑到草莓生育期限长、不耐肥、易发生盐害等特点，追肥浓度不宜过高，一般采用少量多次的原则。覆地膜前撒施后灌水，覆地膜后以液施追肥为主，液体肥料浓度以 0.2%～0.4%为宜，注意肥料中氮、磷、钾的合理搭配。追肥的时期分别为：第一次追肥是在植株顶花序显蕾时，此时追肥的作用是促进顶花序生长。第二次追肥是在植株顶花序果实开始转白膨大时，此次追肥的施肥量可适当加大，施肥种类以磷、钾肥为主。第三次追肥是在顶花序果实采收前期。第四次追肥是在顶花序果实采收后期，植株因结果而造成养分大量消耗，及时追肥可弥补养分亏缺，保证随后植株生长和花果发育。以后每隔 15～20 天追肥 1 次，每 667 米^2 每次施氮磷钾复合肥 10～15 千克。另外，还可增施二氧化碳气体肥料。

(6)水分管理 在生产上判断草莓植株是否缺水不仅仅是看土壤是否湿润，更重要的是要看植株叶片边缘是否有吐水现象，如果早晨叶片没有吐水现象，说明需要灌溉，但不要把植株上露水当成草莓的“吐水”，以“湿而不涝，干而不旱”为原则。灌溉时采用膜下灌溉方式，最好采用膜下滴灌。

18. 草莓促成栽培有哪些类型？应注意哪些问题？

促成栽培有日光温室促成栽培和塑料大棚促成栽培 2 种类型。在我国北方地区促成栽培以日光温室为主，而塑料大棚促成栽培主要在我国中部和长江流域。促成栽培这种方式具有以下优点：一是鲜果上市早，供应期长。鲜果最早可在 11 月中下旬开始上市，陆续采收可延长至翌年 5 月份，采收期长达 6 个月，比露地栽培可提早 5～6 个月，供应鲜果时间比露地栽培多 4～5 个月。二是产量高，效益好。采用促成栽培可使草莓植株花序抽生得多，连续结果，采果期长，产量高。鲜果上市正值水果生产淡季，单价高，因此经济效益十分可观。

草莓促成栽培即选用休眠较浅的品种，通过各种育苗方法促进花芽分化提早，定植后及时覆膜保温，防止植株进入休眠，促进植株生长发育和开花结果，使草莓鲜果提早上市的栽培方式。这种栽培方式的关键在于选用休眠浅的草莓品种，采取促进花芽提早分化的育苗方法，以及塑料薄膜合适的覆盖时期和设施的保温措施。促成栽培除了需要有一定的经济投入建造保温设施条件外，还需要有较高的管理技术水平。

19. 草莓促成栽培与半促成栽培在栽培管理中有哪些不同？

(1)品种选择与对苗木质量的要求 促成栽培要求选择休眠浅、耐低温、在低温条件下商品果率高的草莓品种，如丰香、红颜、红珍珠、卡麦罗莎、甜查理、吐德拉等。为了实现果实提早上市，充分体现促成栽培的优势，应使用假植的优质壮苗，定植时花芽分化已经开始 1 周左右。定植草莓植株的标准要求具有 5～6 片展开叶，叶色深绿，新茎粗度 1.2 厘米以上，根系发达，苗重 30 克以上，无明显病虫害。

(2)草莓苗定植时间 促成栽培要求定植时间在日平均温度25℃～26℃条件下尽可能早的进行，东北地区可在8月上中旬；华北及黄淮地区可在8月中下旬及9月上旬；长江流域在9月上中旬；华南地区在9月中下旬。

(3)棚膜保温时间 草莓在花芽分化后，需要长日照和较高温度条件下才能开花结果。促成栽培主要目标之一是防止秋冬季植株进入休眠，因为植株一旦进入休眠再要打破就比较困难。扣棚的时期一般在顶花芽开始分化1个月后，此时顶花芽分化已完成，第一侧花芽正在进行花芽分化。此时在外界最低温度降至8℃～10℃，平均温度在16℃左右时进行。我国的北方一般在10月中旬为保温适期，中南部在10月下旬至11月初为保温适期。扣棚的时期不能过早或过迟，扣棚过早，气温高，植株生育旺盛，侧花芽分化不良，坐果较少，产量降低；扣棚过迟，植株容易进入休眠状态，生育缓慢，由于营养生长较弱导致产量低，成熟期推迟，达不到促成栽培的目的。如果采用假植、营养钵育苗、高山育苗等促进花芽分化的措施，由于顶花芽和侧花芽分化均提早，根据外界气温变化扣棚的时间也可相应提前。

(4)地膜覆盖时间 促成栽培一般在棚膜覆盖后10天覆盖地膜，半促成栽培可推迟至草莓休眠后，棚温提升前7～10天进行。

(5)保温形式不同 在11月中下旬温度已经较低，大棚内夜间温度开始影响草莓的生长发育，促成栽培此时必须及时覆盖草苫等覆盖物或在大棚内搭建小拱棚，并在11月20日前给小拱棚覆膜。大棚与小棚双重保温，可比外界温度提高4℃～5℃，在小拱棚上再覆盖草苫或无纺布，温度可再提高2℃～4℃。为了达到保温效果，可在大棚或日光温室内搭建中拱棚，在中拱棚内设小拱棚或者大拱棚采用双层膜覆盖，这样在最冷的月份，当外界温度为－7℃时，在大、中、小拱棚的三重塑料薄膜覆盖下，棚内温度比棚外温度高12℃～13℃，棚内夜间最低温度可达5℃，这就能使草莓正常生长发育，达到促成栽培的目的。冬季为了达到保温效果，一般大棚和日光温室夜间需加盖草苫、棉毡、保温被等。有条件的还可利用热风机、地热线、火墙等措施增温。

20. 草莓在促成栽培与半促成栽培中为何要进行人工补光？如何补光？

草莓的开花结果适宜在较长的日照条件下进行，冬季的低温短日照促使草莓矮化进入休眠状态，促成和半促成栽培在较好的保温条件下，通常可以在寒冷的冬季或早春满足草莓对温度的要求，但每种保温方法都有一定的局限性，在通常年份不进行补光，草莓不会重新进入休眠，但如遇到连阴天，或较长时间的雨雪天气，如不进行补光，草莓很容易重新进入休眠状态。人工补光另一个主要目的是促进果实提早成熟，提升优质果率，使植株生长健壮，提高对病虫害的抵抗力。

补光一般与保温相结合，当白天光照时间短于11个小时，或在连阴天、雨雪天等不良气候条件下进行补光。一般用40～100瓦日光灯，在草莓畦上0.8～1.2米，两盏灯间相距4～6米。从下午日落开始补光，到22时前后结束，确保每天有13小时以上的光照，当自然光照达到13小时以上时停止补光，中间不可间断。

21. 草莓塑料拱棚早熟栽培应如何管理？

草莓塑料拱棚早熟栽培是在露地栽培基础上发展起来的一种栽培方式，生产技术相对简单，不必过多考虑促成和半促成栽培中的休眠、花芽分化等问题，在植株完全通过自发休眠后，外界温度较为适宜时开始保温，促使草莓提早开花结果。利用塑料拱棚进行草莓早熟栽培具有投资少、方法简便、技术容易掌握等特点。由于全国各地气候条件不同,选择的拱棚样式不同,成熟期也各不相同。草莓塑料拱棚早熟栽培的果实成熟期比露地栽培提早 10～30 天,效益较好。下面着重讲述草莓的早熟栽培管理技术。

(1)扣棚 覆盖棚膜的时间依各地区的温度回升情况来确定,生产上有早春扣棚和晚秋扣棚 2 种形式。我国南方地区多在早春草莓新叶萌发前进行扣棚,如果扣棚过早,虽然植株能够提早生长发育和开花结果,但早春低温易造成花器官和幼果受害。秋季扣棚在北方地区较普遍,当外界最低温度降至 3℃～5℃时,可以进行扣棚,扣棚后,植株还有一段时间生长,延长了植株花芽分化时间,增加花芽的数量和促进花芽分化质量,有利于提高产量。扣棚后若棚内温度超过 24℃,要通风降温,一方面防止温度过高引起植株徒长和伤害叶片,另一方面保证花芽分化,通风一般从棚两端开放,夜间闭合拱棚保温。在北方地区,土壤封冻前要灌 1 次透水,然后在垄上盖上地膜,地膜上覆盖作物秸秆等防寒物。

(2)升温后管理 早春随外界温度的逐渐升高,可分批去除防寒物,然后破膜提苗,清除老叶、枯叶。拱棚升温后植株就转入正常的生长发育阶段,这时要及时灌水,追施 1 次液体肥,以满足植株萌发的需要。

(3)塑料拱棚内白天温度控制指标 萌芽期 25℃～28℃,花期 22℃～25℃,果实成熟期 20℃～22℃。

在植株顶花序显蕾和顶花序果实开始膨大时要追肥,追肥与灌水结合进行。液体肥料浓度以 0.2%～0.4%为宜,注意肥料中氮、磷、钾的合理搭配。灌水不可以采取大水漫灌,否则易造成地温上升慢、病害严重等现象。除结合施肥灌水外,还要根据土壤缺水程度和植株蓄水情况适时补充水分,以满足植株对水分的需求。

早春夜间温度低,要将拱棚风口合严,若遇突然降温天气或霜冻可在拱棚附近点若干堆火,利用烟熏以减少不良环境条件对草莓植株造成的伤害。当夜间温度稳定在 7℃以上时,小拱棚可以撤掉。

22. 草莓保护地栽培中畸形果的比例为什么有明显的增高？应如何防止畸形果的发生？

保护地中特殊的环境条件，对草莓花芽的分化发育、授粉受精及果实的发育等都有一定的负面影响，这样使保护地中一般的栽培水平下，草莓的畸形果会有所增加，下面着重介绍畸形果发生的原因和防控措施。

(1)草莓畸形果发生的原因　由于雄蕊或雌蕊的稳定性以及环境条件所造成受精不完全，使未受精部分果实膨大受抑制而产生不正常果形称畸形果，有些花受到伤害也不能正常开花结果，称为异形花。与畸形果的区别是果形像鸡冠的鸡冠果，果形扁平如扇状的带果，习惯上将这两种果称为乱形果。鸡冠果易发生于植株营养条件良好的第一级果，在开花时花托部分变得宽大，早期可以预测；当花芽分化时，日照时间在 11 小时以内易产生带果，可能是 2～3 个果柄连生在一起，形成宽大的果柄而发生带果，带果的发生品种间差别较大。这些非正常的果实或花有时统称为异形花果或畸形果。促成栽培时，有时畸形果发生率达 30%～70%，宝交早生、丰香、丽红等品种的畸形果率较高。

①环境因素　温度和湿度是影响草莓畸形果发生的主要因素。草莓花期遇连续阴雨或空气湿度过大，导致花药开裂受阻，花粉传播不良，影响雌蕊柱头受粉。花期温度低于 13℃或高于 35℃，花粉不能发芽或发芽寿命短形成无效花粉。授粉受精也需要一定的湿度，以空气相对湿度 40%左右时较好，空气相对湿度低于 20%或高于 80%，授粉受精困难。此外，低温和阴雨伴随的光照不足造成花粉发育不良，发芽率低下，从而影响授精受粉和果实发育，导致形成畸形果。草莓花期适逢冬季和早春时节，气温

低、雨水多、光照不足是草莓畸果形成的主要气候因素。

花期当大棚内温度过低时，导致花粉不易飞散，花粉发芽率降低，花粉管伸长受阻、受精能力下降而形成畸形果。在幼果期温度降至－1℃以下时，造成幼果受冻而抑制果实发育造成畸形。当日照少、夜温过高时会使雌蕊退化，甚至消失，造成受精不良或在低温下雌蕊发育时间不够，当先端雌蕊尚未形成时，花朵已开放而形成尖端不受精的“缩头果”。灌水量不足常引起花器发育不良，畸形果显著增加。试验表明，花期使用农药如敌百虫、抑菌灵产生的畸形果最多，其次为代森锌、克菌丹、敌菌灵等，使用菌核利和多氧霉素产生的畸形果较少。

②品种特性　花粉粒中的淀粉能够提供花粉管伸长所需要的养分以完成受精。通常把含有淀粉、具有发芽力的花粉称稔性花粉，而不含淀粉、不能发芽的花粉称不稔花粉。花粉的稔性(能发芽的比例)最好能达50%以上。品种间花粉的稔性有差异。草莓不同品种间花粉发芽率不同而使畸形果率表现出较大差异。花粉发芽率高的品种，如章姬、甜查理、达赛莱克特、吐德拉等畸形果率较低，而硕丰、硕蜜等品种畸形果率高达30%，花序级数过高的品种坐果不一，养分分布不均，畸形果率较高，如金香、春香等品种。此外，抗病性差的品种在花期感染后，亦会加重畸形果发生。

③病虫危害及用药不当　草莓栽培过程中发生的多种病害，如白粉病、灰霉病、黄萎病等均会导致光合作用及养分代谢受阻，螨害和斜纹夜蛾等虫害则对植株造成机械损伤，导致不同程度的畸形果发生。而不当的用药防治非但达不到有效控制病虫危害的目的，相反会对草莓产生毒副作用，致使花粉发育受损，花粉发芽率降低，从而大大增加畸形果发生，尤以农药浓度过大和花期、小果期用药影响最甚。

④栽培管理　种植密度过大、通风透光不良的棚室地块发生严重。有机肥施用量不足，偏施氮肥致枝叶徒长、过度繁茂、畦

面过低不平等综合因素形成郁闭高温的小气候，极易加重畸形果发生。

(2)减少草莓畸形果的防控措施 草莓畸形果的防控应立足于以农业控制措施为主，优先实施农业栽培措施，充分利用保护地生态的可控性和蜂媒昆虫的有效性，选用无害化农药控制病虫发生，确保植株生长旺盛和果实健壮发育。具体措施包括：一是选择2个花粉发芽率高的品种，按1∶1～3的比例进行混栽，以提高相互的授粉能力，增加坐果率。二是花期进行人工授粉和放蜜蜂进行辅助授粉。三是控制大棚内的温湿度，注意花期白天温度控制在25℃～30℃，夜间8℃以上，最低不能低于0℃。注意灌水，晴天每3天灌1次，雨天每5天灌1次，冬季每周1次。经常通风换气，降低棚内空气湿度，使花粉飞散开来。四是花期要较少使用农药。在开花前需用波尔多液和硫制剂彻底防治灰霉病、叶斑病和白粉病，用吡虫啉防治蚜虫等。花期发生病虫害可用烟剂、多氧霉素、多菌灵等药害较少的药剂防治。

23. 如何减少或防止草莓不时现蕾的现象？

草莓在非适宜生长期，偶尔有一段较高的温度，部分草莓植株就出现花蕾，甚至开花的现象，称为不时现蕾。在草莓生产中，特别在保护地栽培中的半促成栽培和早熟栽培中此种现象更严重。此时花蕾在较低的温度下形成，多数不能产生正常的果实或形不成商品量，没有实际的商品意义。如果草莓的不时现蕾发生过于频繁，会严重影响草莓苗的内在质量，降低以后草莓的商品果率。对于这种现象也只有从草莓品种与植株特性的根本着手，采取针对性的措施，减少或防止草莓不时现蕾现象的发生。

(1)品种 这主要从花芽分化的难易程度来考虑，一般花芽分化容易、休眠浅的品种易发生不时现蕾现象，主要是因为这些品种多数对低温要求不严，适应性较强，一般条件适宜就开始花芽分化，加上对低温需要量小或不十分严格，适宜的天气条件花序就会开始生长，如丰香、幸香、丽红、静宝等。所以，在选择这些品种栽培时，要加强其肥水及保护地中空气管理来得到合适的草莓苗。

(2)苗木质量 主要指育苗期间肥水调控失当，前期氮肥缺乏，苗势弱等，后期集中采用假植、遮光、高山育苗等促进花芽分化措施，育苗圃地过于干旱，肥料不足，使草莓营养生长不良。所以，在育苗时也不应忽视对肥水的管理，要注意平衡施肥，在花芽分化前适当控制氮素的吸收，一旦开始花芽分化，要适当的加强氮素供应。并加强综合的技术措施，培育大苗、壮苗和优质苗。

(3)温度 主要还是指温度对花芽分化早晚的影响，一般如果秋季低温比常年早，而冬季又出现暖冬现象，温度在连续几天较高，可以满足草莓花芽发育，也易诱发草莓出现不时现蕾。根据气候条件，用肥水来调节花芽分化的早晚、分化进度和分化质量。如出现秋季低温过早来临，就不需或更少地控制氮素营养。后期更要适当加强氮素的供应。

(4)保温 特别指保温前期温度控制不好，错过保温适宜期，如覆棚膜过早，温度回升快，或覆棚膜过晚，地温难以与气温同步回升，而部分草莓植株已开始花序发育生长，也造成了草莓出现不时现蕾。应严格按照不同的栽培方式进行管理。掌握升温节奏，多关注地温的上升，注重整体，使草莓苗生长发育一致。对少量的不时现蕾植株，给予特别的养护，促进腋花芽的发生。

24. 草莓保护地栽培中如何进行间作套种?

合理的间作套种能有效地利用保护地有利的环境条件，大大提升单位面积的效益。下面介绍几种与草莓较有效的间作套种作物。

(1)草莓与木本果树 在果树行间种植草莓。果树一般需要一定的低温量后才能扣棚保温，一般在冬前先将草莓用地膜覆盖，按果树需冷量要求再进行扣棚升温,草莓的管理按保护地栽培管理即可。其中与葡萄间作的形式最好,因为在保护地中葡萄的种植方式多为保护设施单侧或中间种植1行或多行,中下部及地面留出较大的空间。利用草莓生育期可长可短,且生长发育较耐阴的特性,与葡萄或其他果树间作套种往往可产生较好的经济效益。

(2)草莓与蔬菜 如瓜类中吊蔓甜瓜、礼品小西瓜等,在畦上种植。叶菜类中的甘蓝等,利用其较耐寒的特性在温室前沿种植。茄果类蔬菜中番茄、辣椒等可通过育苗移栽在草莓的生长中后期,定植蔬菜苗来实现间作套种。

(3)草莓与大田作物 现在利用较多的主要是玉米,在草莓生长的中后期,在草莓畦上种植玉米。

25. 植物生长调节剂在草莓上的应用主要有哪些?应如何使用?

植物生长调节剂是指人为的由外部施用于植物,调节其生长发育的非营养性的药剂,如生长素类、赤霉素、细胞分裂素、乙烯利、生长延缓剂和生长抑制剂。在草莓上植物生长调节剂的应用有下面几种。

(1)赤霉素(GA_3) 赤霉素具有抑制草莓休眠、防止植株矮化、促进花芽发育、加速叶柄伸长、促使匍匐茎抽生、诱发单性果实发育、减轻因授粉不良造成的损失和促使浆果提早成熟上市等作用,在草莓生产中普遍应用。但赤霉素的作用效果不仅受气候和环境因素的影响,也与草莓的栽培方式、品种特性和使用时植株的生育状态密切相关。因此,在草莓栽培中对赤霉素的施用时期、浓度、用量和次数必须严格掌握,施用不当会导致开花数增多、小果比例增加、根重减少等副效应。

①设施栽培赤霉素的使用 赤霉素处理与长日照处理相同,

能打破休眠、促进开花结实，在设施栽培中已成为常规措施。促成栽培时，在草莓植株第二片新叶展开时，保温后 3～5 天即需喷布赤霉素，对丰香、春香、章姬等浅休眠品种只需喷 1 次，浓度为 5～10 毫克/升，每株用量 5 毫升。对休眠较深的品种，如全明星、达赛莱克特等可喷 2 次，第二次在现蕾期喷，浓度为 10 毫克/升。赤霉素喷量过大会导致植株徒长、小果多、坐果率下降、畸形果比例上升，并影响根系生长。但如果保温后植株生长旺，叶片肥大鲜绿，也可不喷赤霉素。喷赤霉素后保持高温效果好，一般在喷后头几天，棚室内温度保持 30℃左右，以后维持在 25℃左右，若喷后植株出现徒长现象，需采取通风降温措施。促成栽培时，在 1～2 月份能连续结果的早熟品种如久能早生，可在前一年 12 月份现蕾期喷施赤霉素，以使花序伸长，减少畸形果发生。除浅休眠品种外，一般品种喷 2～3 次赤霉素，间隔 7～10 天，浓度为 5～10 毫克/升。但对赤霉素敏感的品种如卡麦罗莎要慎用，要掌握好喷布浓度并减少次数。赤霉素喷施过晚（现蕾期后）或处理后温度过高，则开花后果梗会伸长过度，畸形果率也高。

②露地育苗期赤霉素的使用　母株作为繁殖苗时，在草莓生长前期喷施 50～100 毫克/升赤霉素溶液 1～2 次，可明显增加匍匐茎的发生量和提高匍匐茎的质量。喷施时期一般为 5～6 月份母株幼苗展开 3～4 片新叶时，药液要喷在草莓心叶部位，每株用量 5 毫升。赤霉素对四季品种及抽生匍匐茎较弱的品种，如达娜、森嘎拉、长虹 2 号等，效果更显著；但对未进行足够低温处理，仍处在自然休眠状态的植株，喷布赤霉素不会起到促发匍匐茎的效果。赤霉素的使用应与及时摘除花序等田间管理相结合，以增加药效。

（2）细胞分裂素　细胞分裂素能刺激草莓植株的细胞分裂，促进叶绿素的形成和蛋白质合成，从而使大量营养物质输送到果实，使果实充分发育，增加产量。在草莓定植成活后的营养生长期，喷施细胞分裂素 600 倍液 1～2 次，以促进植株枝叶生长，提高越冬性，达到冬前壮苗的目的。初春植株展叶，喷施1次细胞分裂素600倍液，使新叶旺盛生长，及早更新老叶，为早开花结果奠定基础。当植株进入花序显露初期，进行花期喷施，以后每隔7～10天喷施1次800～1000倍液，花期喷施4～5次，最好在下午14时以后喷。

(3)多效唑(PP_{333}) PP_{333}是一种生长抑制剂，其作用是抑制匍匐茎的发生和植株的营养生长，促进生殖生长，合理使用有明显增产效果，节省用工。据试验，在匍匐茎发生的早期，喷施浓度以250毫克/升较适宜。但若施用不当，抑制过度，则会造成减产。因施用PP_{333}使生长受抑制的植株，喷施20毫克/升赤霉素，1周后可解除抑制作用。

(4)青鲜素 抑制匍匐茎的发生效果较好，在6月上旬和6月下旬分别喷2000毫克/升青鲜素效果明显，可减少早期匍匐茎的发生。8月上中旬喷2000毫克/升青鲜素1～2次，可减少后期无效匍匐茎的发生，促进先前的匍匐茎苗粗壮。

(5)萘乙酸 在草莓定植前，对秧苗的根系进行药物处理，能促进根系的发生和根系的生长。通常是用5～10毫克/升萘乙酸或萘乙酸钠溶液，浸泡根系2～6小时，促进生根的效果显著，比不处理的新根发生量能增加1倍，从而提高了草莓栽植的成活率。

七、草莓冷藏抑制栽培技术

1. 草莓冷藏抑制栽培的目的和意义是什么？在草莓进行冷藏抑制栽培前应首先考虑哪些问题？

草莓通过促成、半促成及露地等栽培形式可使鲜果从 11 月份至翌年 6 月份不断上市，但 7～10 月份为草莓鲜果上市的淡季，尽管四季性结果品种可在 8～9 月份采收上市，然而由于产量较低，质量不稳定，栽培面积也很小，所以远远不能满足市场的需求。草莓冷藏抑制栽培是冬季将正处于休眠期的壮苗放入低温冷藏库，在－2℃～2℃条件下处于被迫休眠状态，根据生产的需要在一定的时间出库定植到田间，然后达到 7～10 月份生产草莓鲜果的目标，从而实现草莓周年供应。

冷藏抑制栽培需考虑以下 2 个问题：一是 7～10 月份为水果上市的旺季，草莓的价格高低需要考虑，市场调查的结果表明草莓有其独特的风味和色泽，在这期间仍有较大竞争力。二是是否有冷藏条件，尽管冷藏苗栽植后采收周期短、用工少、效益好，但需冷藏设备，费用较高。种苗能用冷库集中处理，种植者可联合购买冷藏苗，从而降低种苗价格。三是草莓苗是否满足草莓冷藏抑制栽培的要求。值得注意的是冷藏抑制栽培在日本应用一阶段后，由于产量不稳定，冷藏苗费用过高，在 20 世纪 90 年代后应用开始减少，我国处于试验和中试阶段，仅有少量栽培。

2. 草莓冷藏抑制栽培对秧苗的要求是什么？在育苗中应注意哪些问题？

由于草莓苗在冷藏条件下，贮放的时间较长，植株本身会因为呼吸作用消耗较多营养，因此对秧苗的质量要求也高。冷藏苗一般要求生长壮实，叶片达 6 个以上，新茎粗 1.2 厘米以上，根系发达，株重 30～35 克。一般为中苗或大苗。

试验表明，冷藏抑制栽培的草莓苗假植与否都行。需要注意的问题有：一是以发生较晚的匍匐茎苗为好，一般在 7 月下旬至 8 月下旬，有 45～55 天的适宜苗龄。二是保证苗的密度，过密苗的质量差，过稀又降低繁苗率，相应地增加单位成本，也可在 10 月份再将相互间的匍匐茎断开，以延迟开始花芽分化的时间。三是保证水肥供应，特别是 7～9 月份繁苗期，在花芽分化前保证氮素供应，在 9 月份施入 2 次氮肥，一般为每 667 米^2 10～15 千克，10 月份后减少氮肥供应，增加磷、钾肥，以提高草莓苗的抗性。四是要在入库前一次性摘除基部叶片，平时基本不摘叶，以延缓花芽开始分化时间和保证足够的花序分化数量。在寒冷地区育苗在 10 月中旬后可扣小拱棚，以形成较多的花芽。如进行假植育苗，要增加苗床的有机肥含量，并加大株行距。

3. 如何进行草莓植株的冷藏？

草莓植株能耐－8℃的低温，但生育期不同阶段的耐低温能力不一样，开花期－1℃花便受冻，处于深休眠的植株在 0℃左右可贮藏 1 年以上。开始萌芽的植株，贮藏 3 个月后便会受冻枯死。一般在花粉、胚珠未形成的休眠期冷藏植株。我国北方地区，一般在地面结冻前或冬末草莓开始生长前，把冷藏苗入库，辽宁沈阳地区在 11 月中旬土壤结冻前挖苗入库，河南郑州地区在 12 月下旬至翌年3月上旬入库。挖苗时尽量少伤根系，带土苗可从较高处自由落下、散开，以减少手工对根系的损伤。苗挖好后，先摘除老叶，只留3～4片新叶，以减少冷藏中的呼吸消耗，也利于装箱。然后将根系洗净，晾干后装箱。秧苗不能过干，也不能过湿。过干会造成秧苗失水影响栽植成活率，过湿会在冷藏期间因冻结而发生烂苗。装苗的容器可用木箱、塑料箱、纸箱，先在箱内铺上带孔的塑料薄膜，然后将苗的根系朝向中间，叶片朝向箱的两侧，排紧压实，装满箱后将塑料膜封好盖严进行冷藏。先在5℃条件下预冷5天，然后在0℃±1℃条件下冷藏。冷藏库的温度超过3℃时，新根、芽及病原菌开始活动，易造成植株烂苗，当温度低于−2℃时，则植株易造成冻害。因此，控制冷藏苗的温度稳定非常重要，贮藏期间要检测秧苗2～3次。发现问题及时解决。对于没有加湿条件的冷库要不断进行喷水或地面洒水，以减弱草莓苗的失水程度。

4. 冷藏草莓苗如何出库定植？

经过长期冷藏的秧苗出库后，不能直接定植在高温环境下的田间，一般需进行过渡锻炼，才能适应田间气候。苗下午出库后，先放在阴凉处2～3小时，取出秧苗，在流水中浸泡2～3小时，然后于傍晚定植。也可早上出库在阴凉处放置后，流水浸泡2～3小时，下午定植。出库定植时间可根据成熟上市期推算。7～8月份出库定植，约30天后果实可采收；9月上旬定植，45～50天后果实成熟；9月中下旬定植，55～60天后开始采收。7～8月份夏季定植，由于气温高，浆果成熟快，果实小、产量低、畸形果多，且栽苗成活率低，果实货架期短。9月上中旬定植，气温较低，果实膨大较好，产量也较高，但11月份以后，需覆盖塑料薄膜进行保温。若定植过晚，则与促成栽培的成熟期相遇，失去抑制栽培的意义。因此，冷藏抑制栽培一般在8月下旬至9月上旬出库定植，定植的密度、方法与露地栽培相同，但需注意冷藏苗一般抗性差，土地肥沃的田块不用施基肥，以免发生肥害，待成活后追施化肥，追施时注意少量多次。定植后7～10天，每天需喷水，以保持叶面湿润，使根系能吸收足够的水分，保证冷藏苗的成活率。在7～8月份高温定植时，需采用遮阳网遮荫，才能使冷藏苗成活良好。

一般抑制栽培主要适于秋季气温较凉爽、初冬较温暖的地区。秋季较温暖的地区使冷藏苗的后期花芽分化不稳定，收获不稳定，产量不高。寒冷地区花芽分化虽稳定，但与四季草莓和促成栽培果实上市时间几乎同步，经济效益不高。所以，抑制栽培在9月上中旬定植，使果实采收始期早于促成栽培才可能产生较好的收益。

5. 冷藏草莓苗定植后如何管理？

冷藏的草莓苗定植后，早晨植株新叶边缘有吐水现象，说明新根已开始吸收肥水，植株成活并开始正常生长。待长出3～4片新叶时，可去除老叶、黄叶、病叶，每隔10～15天喷洒1次杀菌剂，以防灰霉病危害，开花前每隔12～15天，可追施复合肥1次，每667米^{2}施10～12千克，施后灌水。也可将复合肥配成500倍液浇施。花果期的管理与露地栽培相同，但应在后期扣棚保温。7～8月份定植的冷藏苗可在8～9月份采收，9月份定植的冷藏苗可在10～11月份采收。夏季高温期成熟的果实，由于温度高，成熟日数短，果较小且贮运性差，产量低，一般每667米^{2}产300～500千克。在秋季成熟的果实，由于温度低、成熟日数长，果实较大，产量高，一般每667米^{2}产700～1 200千克。由于抑制栽培可采收2季，第一次果实采收完以后，需追复合肥，每次每667米^{2}施15千克，施后灌水，及时剪除黄叶、老叶、花梗、匍匐茎，后期采用塑料薄膜保温的需逐渐通风后去除塑料膜，使草莓进入休眠。待植株需冷量达到后再进行第二次扣棚保温。扣棚时，每株先留2～3个健壮侧芽,并间去部分过密植株,改善通风透光条件、减少病虫害发生。扣棚后的管理与半促成栽培相同。

八、草莓无土栽培技术

1. 草莓无土栽培的原理、意义和特点是什么？

草莓植株的生长发育，需要约16种元素，大量元素有碳、氢、氧、氮、磷、钾，中量元素有钙、镁、硫、铁，微量元素有锰、硼、铜、锌、钼、氯等。植株在不同的生长发育时期吸收这些元素都有它的合适浓度和比例。植物生长发育除靠叶片进行光合作用和呼吸作用外，还需靠根系吸收水分和养分，而根系周围的水、肥、气、热及环境直接影响养分和水分的吸收，为了满足植物根系不同时期对不同元素的充分吸收与平衡，必须为其创造一个最佳生长的环境，如通气性、保水性、离子浓度与比例、温度等。无土栽培是指不用土壤而用含有多种营养元素的基质（包括水基质）创造出最适合植物在不同生育阶段的最佳环境来获得高产优质的栽培方法。无土栽培有如下特点。

（1）省工省力，易于管理，便于实现农业的工厂化生产 无土栽培无须整地、锄草等作业，水肥同步，如全自动会更省工方便。无土栽培在相对可控的环境中生产，大大减轻了自然条件对草莓生长发育的影响，有利于实现草莓生产机械化、自动化，向工厂化的方向发展。

（2）产量高、品质好，经济效益显著 一般来说，无土栽培比土耕栽培产量提高3～9倍，如我国无土栽培的草莓试验结果产量为每667米^2 5 000～7 000千克，日本为6 500千克。其他作物如豆芽可达3 500千克，土豆可达11 000千克，黄瓜可达21 210千克。通过无土栽培，作物可避免土壤中的病虫危害，生产的果实外观好，品质佳，经济效益高。

(3)节约土地、水分和肥料 意大利的水培试验结果表明，水培的茄子每千克需水46升，而土培的茄子每千克需水400升左右，为水培的8.7倍。沈阳市于洪区日光温室无土栽培试验结果表明，无土栽培比有土栽培每平方米节省用水90升。日本的试验结果表明，由于无土栽培肥料利用率高，生产同等产量的草莓，循环式的营养液栽培化肥用量是土耕栽培化肥用量的1/2～1/3，即比土耕栽培节省50%～70%的肥料，并可防止肥料对环境的富营养化。无土栽培还可利用不能耕种的土地、屋顶、阳台等种植作物，可节省土地，提高设施和土地的利用率。

(4)病虫害少，可减少农药使用量 由于土壤是很多病虫的传播媒介，所以土耕栽培时，极易发生病虫危害，为防止病虫必须使用农药，又由于病虫对农药的抗性增加，致使土耕栽培病虫害越来越严重，所以农药使用量也逐渐增加，不仅破坏了环境，也影响了人的身体健康。无土栽培由于不使用土壤，并可以人为控制环境条件，既减少了作物病虫基数与来源，也减少了农药的使用量，并可达到绿色食品的要求。一般无土栽培可减少使用50%以上的农药。

(5)一次性投入较高 一般情况下，无土栽培是在温室、大棚内进行，除此之外，还需要专用的基质、营养液、栽培床(槽)、循环供液设备等，必须有贮液池(罐)、营养液循环的管道、抽水泵、电导仪等。这些设施、设备的构筑、购置和安装，都需要一定的资金。所以，进行作物无土栽培，其一次性投入较高。

(6)技术要求严格 由于无土栽培采用养分缓冲性极低的水或特殊材料作基质，因此根系和与根系部分相关的管理就成了无土栽培成功的关键，如营养液的配制，供给的量与次数，营养液的温度与空气含量，根系周围盐的浓度、温度、湿度、氧气含量，设施内的湿度、光照、温度、二氧化碳浓度等都需按标准进行严格操作，否则达不到理想的效果。生产上常发现用土耕栽培的技术来进行无土栽培，则植株生长差，产量低，效益也不好。因此，无土栽培必须按技术规范操作，才能达到优质、高产、高效益的目标。

2. 草莓无土栽培有哪些主要类型？

无土栽培的类型主要从基质有无和营养来源 2 个方面来进行区分。

按基质有无可分为无基质栽培和有基质栽培 2 种类型。其中无基质栽培又可根据营养液的供给方式分为水培、气培和水汽培。水培是指草莓根系直接浸泡在流动的营养液中来吸取营养进行生长发育的方式。水培的方法主要有营养液膜法、深液流法、动态浮根法、浮板毛管法等。气培也叫雾配、喷雾栽培，它是利用喷雾装置将营养液雾化，使根系在封闭黑暗的根箱内，吸收雾化后的营养液进行生长的方法。水气培是水培与气培相结合的中间类型。有基质栽培是用基质固定草莓植株，并供给草莓营养的方式。根据基质的装置方式分为槽培、袋培和岩棉培等。

根据营养来源不同分为有机营养无土栽培和无机营养无土栽培。无机营养无土栽培的营养液主要来自各种无机盐的混合。由于其操作技术含量较高，对设施的要求更高、更专业，且其排出的废液易对环境造成污染，因此近年来发展较慢。有机营养无土栽培的营养主要来自有机肥，设施简单，肥料来源广泛，整个管理与土壤栽培相似，且几乎没有环境污染，因此发展较快。

3. 无土栽培需要哪些设施、设备？

无土栽培的设施是草莓无土栽培最大的投入，主要包括保护设施和栽培设施 2 方面。

(1)温室或大棚 由于一般温室或大棚常常是一个密闭的环境，因此，无土栽培草莓的温室或大棚所需的光照、温度、湿度、二氧化碳浓度应当进行人为控制，以便创造作物生育的优良环境，以提高作物的产量和质量，并能进行工厂化生产。目前，有全自动电脑控制的连栋玻璃温室可自动控制光照、温度、湿度、二氧化碳、营养液等，但必须进行高效率化生产，才能达到理想效果。除此之外，我国的连栋大棚、温室、日光温室、大棚等，只要能满足草莓生长发育需要的条件都能进行无土栽培。

(2)栽植床(槽) 无土栽培的栽植床有液膜栽植床、槽式栽植床、沟式栽植床等。

①液膜(NFT)栽植床 是将植株种在营养块、槽、岩棉、塑料盆或管道上，以浅层营养液进行循环式流动，国内常用的有水平栽植床、岩棉栽植床、三角形营养液栽植床等3种形式。

②槽式栽植床 用砖和水泥砌成宽50～120厘米、深15～25厘米的槽沟，长度依温室南北长度而定，槽内铺塑料膜，放入基质后，基质上设滴灌软管，出液端留一个出液口与总回液管连接，将多余的营养液回流到集液槽内，然后进入贮液池。

③沟式栽植床 在地面下挖10厘米深、宽55厘米的沟槽，沟槽内底下铺超薄地膜，上放混合基质(稻壳、草炭、锯末)，做成中心高25厘米的拱圆形高畦，畦面放1条滴灌软管，其上再盖1层地膜，把基质密封好。

④袋栽床 是用塑料袋包装基质。塑料袋做成直径15～20厘米、长2米的柱形栽培袋。上端挂在温室顶上，下端放在地上，每1.2米1行，每行袋距为0.8米，以利于通风透光。为了提高草莓产量，栽培袋要安装滴灌管，一般每袋安装1个毛细管和滴头即可。床端设排液口。

(3)其他设施、设备

①贮液池(槽) 无土栽培时，为了供给草莓液体营养，必须设有贮液池，如果采用循环式供液系统，则在地面最低点设立地下式贮液池。通常每667米^{2}需设置1个60～80米^{3}的贮液池，每栋

温室1个。贮液池通常设在温室中间靠后墙的地方，上有水泥盖板以防藻类滋生，也可避免阳光直射营养液。贮液池可先用油毡沥青做1层防水层，再用砖和水泥砌成。在距地面1.5～3米处应设回收营养液用的铁制贮液槽或桶。贮液池一般呈长方体，底部倾斜式，内有水位标记，回水管的位置应高于液面，以形成落差，给营养液加氧。北方地区贮液池内应安装加热装置，南方地区贮液池多设在棚外面可多个温室或大棚共用一个贮液池。

②泵和管道　无土栽培多用水泵供液，实践证明潜水泵效果好。由于营养液偏酸性，为了防止酸性物质的腐蚀和有毒物质的产生，最好是用塑料泵，水泵的功率可根据需水头的压力、出水口管道多少来确定。供液的管道和滴灌软管均为塑料制成，直径多为4～5厘米，滴灌软管可依作物的株行距打孔，孔径0.5毫米。

③定时器　无土栽培的供液方式一般采用间歇供液，为了方便管理，必须在泵上安装定时器。以便根据草莓不同时期的营养需求，定时供给营养液，这样既可节省人力、电力，也可延长泵的使用寿命。

④超声气雾机　超声气雾机能通过超声波来杀死营养液中的病菌，并产生大量负氧离子，促进作物生长。我国已研制成功先进的超声气雾机。无土栽培中在进行气雾培时，需利用气雾机定时向根系喷洒营养液雾，气雾培可高效供给作物所需的养分，不仅根系可吸收气雾营养，茎叶也能吸收营养。

4. 无土栽培的基质有哪些种类？各有什么特点？

无土栽培的基质种类繁多，下面以应用较广泛的几种基质来逐一介绍。

(1)草炭　草炭来自泥炭藓、灰藓、苔草和其他水生植物的分解残留体。到目前为止，西欧许多国家仍然认为草炭是园艺作物最好的基质。尤其是现代大规模机械化育苗，大多数都是以草炭为主，并配合蛭石、珍珠岩等基质。草炭具有很高的持水量和阳离子交换量，具有良好的通气性，能快速分解，呈酸性，pH 常小于4。草炭可以单独用作无土基质，每立方米加入4～7千克白云石粉，也可与其他呈碱性的基质如炉灰渣混合使用，能使 pH 升到满意的种植范围，其用量为总基质量的25%～75%（体积）。草炭惟一的缺点是成本高。

(2)蛭石 蛭石是由云母类矿物加热至800℃～1 000℃时形成的。园艺上用它作育苗和栽培基质，效果都很好。蛭石很轻，每立方米约为80千克，呈中性或碱性反应，具有较高的阳离子交换量，保水保肥力较强。使用新的蛭石时不必消毒。蛭石的缺点是当长期使用时，结构会被破碎，孔隙变小，影响通气和排水。

(3)珍珠岩 珍珠岩由硅质火山岩在1 200℃下燃烧膨胀而成，色白，质轻，呈颗粒状，直径约1毫米，其容重为80～180千克/米^3。珍珠岩易于排水和通气，在物理和化学性质上比较稳定。珍珠岩可以单独用作基质，也可与草炭、蛭石等混合使用。

(4)岩棉 岩棉的制造原料为辉绿岩、石灰岩和焦炭，三者的用量比例为3∶1∶1或4∶1∶1，在1600℃的高温炉里熔化，然后喷成直径0.005毫米的纤维，冷却后，加上黏合剂压成板块，即可切割成各种所需形状的板块。岩棉容重为70～100千克/米^3，用它来作园艺基质是完全消毒过的，不含有机物，岩棉压制成形后整个栽培季节里保持不变形。岩棉在栽培的初期呈微碱性反应，所以，进入岩棉的营养液 pH 最初会升高，经过一段时间反应呈中性，在酸碱度上，岩棉可以认为是惰性的。

(5)沙 沙是沙培的基质。中东地区、美国亚利桑那州以及其他有沙漠的地区，都用沙作无土栽培基质。其主要优点是价格便宜，来源广泛，栽培应用的效果也很好；缺点是比较重，搬运和更换基质时比较费工。

(6)砾石 砾和沙一样均为固体无土栽培基质,颗粒直径大于3毫米,其保存水分和养分的能力低于沙,但通气性优于沙。砾的原材料应不含石灰岩,否则和石灰质的沙一样会影响营养液的pH和养分。

(7)陶粒 陶粒是大小比较均匀的团粒状火烧页岩,约在800℃时烧成,从切面看,内部为蜂窝状孔隙构造,容重为500千克/米^3,能漂浮在水上,通气好,可单独用作无土栽培基质,也可与其他材料混合使用。

(8)锯末 锯末来源于木材加工,是一种便宜的无土栽培基质。使用时应注意树种。红木锯末应不超过30%,松树锯末应经过水洗或经发酵3个月,以减少松节油的含量。其他树种一般都可用。加拿大的无土栽培广泛应用锯末,效果良好。锯末可连续使用2～6茬,但每茬使用后应消毒。

(9)树皮 随着木材工业的发展,世界各国都注意树皮的利用。它是一种很好的园艺基质,价格低廉,易于运输。树皮有很多种,大小颗粒均可供利用,从磨细的草炭状物质至直径1厘米颗粒均可。在盆栽中最常用直径为1.5～6毫米的颗粒。一般树皮的容重接近于草炭,与草炭相比,它的阳离子交换量和持水量比较低,碳氮比则较高。在树皮上,阔叶树皮较针叶树皮具有较小的碳氮比。新鲜树皮的主要缺点是具有较高的碳氮比和开始分解时速度快,但腐熟的树皮不存在这个问题。

5. 无土栽培各类基质有哪些营养成分和物理性质?

无土栽培各类基质的营养元素含量及物理性质见表8-1,表8-2,仅供参考。

表 8-1 基质的营养元素含量

基质	元素					
	全氮(%)	全磷(%)	速效钾(%)	全钾(%)	钙(%)	镁(%)
菜园土	0.106	0.077	0.005	0.012	0.0325	0.0330
炉渣	0.183	0.033	0.0023	0.0204	0.9248	0.02
蛭石	0.011	0.063	0.0003	0.0502	0.2565	0.0474
珍珠岩	0.005	0.082	0.0004	0.162	0.0695	0.0065
岩棉	0.084	0.228	—	1.338	—	—
棉籽壳	2.20	2.26	—	0.17	—	—
炭化稻壳	0.54	0.049	0.0066	0.6626	0.0885	0.0175
菇渣(玉米芯)	1.89	0.137	—	0.770	5.37	0.525
河沙	0.01	0.0099	—	307.0	727.0	318.0
玉米秸	0.84	0.0677	—	1.43	0.494	0.289
麦秸	0.44	0.0686	—	1.28	0.309	922.0
杨树锯末	0.21	0.0226	—	0.270	0.689	666.0

表 8-2 常见基质的物理性质与 pH

性质 基质	容重(克/厘米^3)	总孔隙度(空气容积)(%)	大孔隙(毛管容积)(%)	小孔隙(%)	水气比(以大孔隙值为1)	pH
菜园土	1.10	66.0	21.0	45.0	1∶2.14	6.8
沙子	1.49	30.5	29.5	1.0	1∶0.03	6.5
煤渣	0.70	54.7	21.7	33.0	1∶1.51	6.8
蛭石	0.25	133.5	25.0	108.5	1∶4.35	6.5

续表 8-2

基质＼性质	容重(克/厘米^3)	总孔隙度(空气容积)(%)	大孔隙(毛管容积)(%)	小孔隙(%)	水气比(以大孔隙值为1)	pH
珍珠岩	0.16	60.3	29.5	30.75	1∶1.04	6.3
岩　棉	0.11	100.0	64.3	35.71	1∶0.55	6.3
草　炭	—	—	—	—	—	5.9
棉籽饼(种过平菇)	0.24	74.9	73.3	26.69	1∶0.36	6.4
锯　末	0.19	78.3	34.5	43.75	1∶1.26	6.2
炭化稻壳	0.15	82.5	57.5	250.0	1∶0.43	6.5
泡沫塑料	—	892.8	101.3	726.0	1∶7.13	—

6. 无土栽培的基质如何配制?

采用基质无土栽培时,对基质选择与配制需根据栽培方式来考虑适用性和成本问题。对基质总的要求是容重轻、孔隙度较大,以便增加水分和空气含量。基质的相对密度一般为 0.3～0.7 克/厘米^3,总孔隙度在 60%左右,化学稳定性好,酸碱度接近中性,不含有毒物质。有些基质可单独使用,但一般以 2～3 种混合为宜。良好的基质应适合多种作物的种植,不能只适合于一种作物。

目前,我国无土栽培生产上应用效果较好的基质配比有 1∶1 的草炭、蛭石(锯末),1∶1∶1 的草炭、蛭石、锯末(珍珠岩),6∶4 的炉渣、草炭等。草炭仍然是目前最好的基质,在混合基质中一般占 35%～50%。基质混合时,如果用量小,可在水泥地面上用铁铲搅拌均匀,量大时用混凝土搅拌机混合。干燥的草炭不易渗水，每立方米草炭可用40升水加50克次氯酸钠，以利于快速湿润。

基质中加入固体肥料的配方为：0.75 米^3 草炭+0.13 米^3 蛭石+0.12 米^3 珍珠岩+3 千克生石灰+1 千克过磷酸钙+1.5 千克三元复合肥(15：15：15)+10 千克消毒干鸡粪+0.5 千克乙二铵四乙酸铁+0.5 千克微量元素。

7. 无土栽培的营养液如何配制与管理?

无土栽培所必需的营养元素，采用较广泛的是把相关的肥料溶解在水中制成营养液供给作物的。营养液对某种作物的影响，主要取决于营养液的pH、离子的浓度、离子的相互平衡及氧化还原电位等。不同肥料对作物的作用效果不一样。如施钙肥，硫酸钙比硝酸钙便宜，但硫酸钙溶解度小，即溶液中保存的钙离子少。硝酸钙虽然贵，但易于溶解，所以配营养液时还是使用硝酸钙。对于一些干的基质(如草炭、锯末、蛭石)宜用一些溶解性较差的肥料。无土栽培常用的速效肥料有硝酸钙、硝酸镁(泻盐)、硫酸钙(石膏)、硫酸亚铁(绿矾)、硼砂、硫酸铜(蓝矾)、硫酸锰、硫酸锌(皓矾)、钼酸铵、乙二铵四乙酸钠锰、乙二铵四乙酸钠；长效肥料有离子交换树脂、沸石(铝硅酸盐)、硅藻土、硅土(使用量 0.5 千克/米^2)、包衣缓释肥料。大多数植物所需要的养分浓度为0.2%左右，一般来说，营养液的总浓度不能超过0.4%，粗略估计营养液组成的效力，最简单的试验方法就是测定营养液的酸碱度，当植物吸收的阴离子多于阳离子时溶液就要变成碱性，反之溶液就趋向酸性。通常营养液的pH为6.0左右，即微酸性，植物吸收某些离子比另一些离子会多一些，虽然不同植物在不同生长阶段对养分的要求不同，但植物对营养元素的需要有一个平均浓度。作物在生长过程中对养分的吸收是有变化的，因此需要经常调整养分配方，优良配方主要考虑以下因素：一是作物的品种。二是生育阶段。三是收获的作物器官(根、茎、叶、果)。四是一年的季节(日照长短)。五是气候(温度、湿度、光照、日照时数等)。对于生产果实的作物来说,应供应浓度较低的氮和较高的磷、钾、钙。在光照时间长、光照强时,作物需要的氮较光照时间短、光照弱的多。秋季高浓度的钾,可提高果实品质。所以,秋季应使钾氮比率加倍,以利作物生长健壮。现将国内适宜草莓的营养液配方介绍如下(见表 8-3,表 8-4)。

表 8-3　江苏省农业科学院推荐适合草莓无土栽培的营养液配方

化合物		1000 升营养液中的用量(克)
硝酸钾	KNO_3	1200
螯合铁	FeEDTA(13%～14%)	30
硫酸镁	$MgSO_4 \cdot 7H_2O$	48
硫酸锰	$MnSO_4 \cdot 4H_2O$	8
硼　酸	H_3BO_3	4
硫酸铜	$CuSO_4 \cdot 5H_2O$	0.12
硫酸锌	$ZnSO_4 \cdot 7H_2O$	0.8
钼酸铵	$(NH_4)_6MO_7O_{24} \cdot 4H_2O$	0.08
磷　酸	H_3PO_4(85%)	32
硝　酸	HNO_3(70%)	68
硝酸钙	$Ca(NO_3)_2$	900

表 8-4　辽宁省草莓无土栽培专用配方及肥料质量标准

项　目		专用肥 1 号	专用肥 2 号	专用肥 3 号
色泽及形状		微黄色或白色固体	白色固体或无色结晶	同 2 号
粒度(毫米)		粉末状,0.635～1.270	粉末状,0.847～1.270	粉末状,0.635～1.270
溶解度		水溶性,易溶	水溶性,易溶	水溶性,易溶
pH		配制 1%水溶液 pH 为 5.5,使用水 pH 为 6.0	同专用肥 1 号	同专用肥 1 号
密　度		0.78	0.7	0.7
元素成分(%)	氮	8.0～10.5	12～13.05	1.1
	磷	2.90～3.50		22.70
	钾	17～21	0.001～0.005	28.7
	钙	0.00040～0.0045	15.50～16.46	
	镁	1.3～1.6	0.12～0.15	
	铜	0.009～0.011	0.0001～0.003	
	锌	0.013～0.015	0.0001～0.002	
	铁	0.03～0.06		
	锰	0.04～0.06	0.001～0.005	0.01
	硼	0.015～0.03		
总有效成分含量(%)		29.3～36.8	27.60～29.70	52.51
氮、磷、钾含量(%)		27.8～35	12～13.1	52.5

在配制营养液时，溶液的盐类用温水溶解，对水质要测定一下钙、锰、铁、碳酸根、硫酸根、氯离子的含量。配制易产生沉淀的钙盐和铁盐时，在浓溶液时不能与其他盐混合在一起，经过稀释的溶液混在一起不会发生沉淀。一般先配制母液，然后再进行稀释，母液浓度通常为营养液浓度的10～20倍。一般母液用3个溶液罐分别装硝酸钙、硫酸亚铁及其他盐溶液。10％的酸液（硝酸或盐酸）和氢氧化钠液用来调pH。通常营养液pH为5.5～6.0，营养液电导率在200～400毫姆欧/厘米适合作物生长，超过400毫姆欧/厘米植物生长受到抑制。营养液的使用期一般为15～20天。

管理营养液时，贮液池每天需加水5～7次，以增加营养液的氧气。无基质的水培时，每隔3～5分钟需向根系喷布营养液，以达到100％湿度。有基质非循环式的水培，需保持营养液的水位稳定。由于作物吸水量比吸肥快得多，所以营养液中离子的浓度也随之增大，因此需加水保持营养液的固定浓度，一般水位相差不能超过2厘米。在利用固体基质进行无土栽培时，需经常浇灌营养液，使基质常保持湿润，如发生盐集结基质时，需用清水浇洗。一般营养液的使用浓度以不使基质有盐集结为准。营养液的温度通常为20℃。循环供液时，每天需供液6～8次。草莓每一生育期对营养的吸收有所差别，因此对营养液也需更换配方。

8. 草莓水培都有哪些主要方法？

适宜草莓水培的方法主要有营养液膜法（NFT）、浮板毛管法（FCH）和气雾培，由于现在草莓水培方法都有其相对不足的地方，在生产上推广的难度较大，这里只做简单介绍。

(1)营养液膜法 为了克服普通水培栽培，草莓根系长期浸入营养液中生长，造成缺氧，影响根系呼吸，严重时造成根系死亡的弊病，英国Cooper在1973年提出了营养液膜法的水培方式，简称NFT（Nutrient Film Technique）。它的原理是使一层很薄的营养液(0.5～1 厘米)层,不断循环流经作物根系,既保证不断供给作物水分和养分,又不断供给根系新鲜氧气。NFT 法栽培作物,灌溉技术大大简化,不必每天计算作物需水量,营养元素均衡供给。根系与土壤隔离,可避免各种土传病害,也无须进行土壤消毒。此方法栽培植物直接从溶液中吸取营养,相应根系须根发达,主根明显比露地栽培退化。营养液膜法主要由种植槽、贮液池和营养液循环系统 3 个主要部分组成。种植槽平滑、有一定坡度便于营养液循环,营养液的循环系统主要由水泵、管道、滴头、阀门及消毒设施组成。

(2)浮板毛管法(FCH)　它是在营养液较深的栽培床内放置浮板,使根际环境条件相对稳定,温度变化减小,根系供氧充足,不因停电影响营养液的供给。是对营养液膜法(NFT)缺点的有效改进。

(3)气雾培　是利用喷雾装置将营养液雾化,直接喷施于植物根系表面,其主要为"人"字形栽培模式,"人"字形是用轻质角钢组成等腰三角形截面的支承架,两侧安 2～3 毫米厚的塑料嵌台板,板下装喷雾装置,在塑料嵌台板上打定植孔,植物定植到这些孔上,植物根系悬在栽培架内部,周围空间封闭,使根系生长在充满营养液的气雾环境里,通过计算机检测其根系环境的湿度、温度来控制弥雾,根系环境的湿度不够就进行营养液弥雾,保证根系的湿度,以及通过检测营养液浓度来控制母液的补充。

9. 无土栽培对草莓苗有哪些要求?

一般无土栽培草莓为周年生产或进行促成栽培,所以应选择休眠浅即对低温要求不严格的品种,除此之外,无土栽培草莓品种还应具生长势强、坐果率高、耐阴、耐寒、优质、高产及抗病性强的特点,适于温室及大棚栽培的品种,如甜查理、卡麦罗莎、红颜、丰香、吐德拉等。无土栽培草莓苗标准是具有 6～8 片正常展开的叶片,根茎粗 1.2 厘米以上,根系发达,须根多。秧苗可采用常规繁苗方法繁殖。

10. 草莓立体栽培有什么优点?如何进行立体栽培?

目前,无土栽培向立体栽培方向发展,目的是充分利用设施内的空间和太阳能,以提高单位面积产量。草莓立体栽培是在立体空间上栽植草莓,并用营养液自动循环浇灌、循环弥雾来满足草莓生长对水、气、肥需求的栽培方式,其集立体栽培、无土栽培、设施栽培于一身。采用立体栽培后不仅产量提高,而且其质量也更好,立体栽培后其通风、透光性非常好,大大减少了病虫害的发生,果实更加干净卫生,可以进行完全的有机果品生产。

立体栽培把草莓从土壤栽培中解放出来,以水代替土壤,以营养液代替肥料,栽培过程非常清洁环保,栽培适应性更强,空间更广,可于室内、室外及屋顶、墙壁栽培,可用于生产、家庭、种花,也可用于栽培瓜果蔬菜,只要有水有电的地方就能进行立体化栽培。立体栽培可在城市绿化、观光农业以及农业生产上应用,具有广阔的发展空间。草莓立体栽培可以利用无土栽培床直接进行生产,也可以根据设施条件等需要自行设计,下面介绍 2 种在草莓立体栽培中应用较多的架式栽培。

(1)三角多层架式栽培 架南北走向,单架长度根据设施情况一般为 1.8～2.2 米,架东西间距 60～80 厘米,高 1.1～1.5 米。栽培槽的设计也多种多样,底部形状有平形、半圆形和半尖形,但都有排水孔,槽的大小要满足草莓生长发育的需要,按株距 15 厘米计算,一般要达到每株有 0.03 米^3 以上的基质量(图 8-1,图 8-2)。

(2)多层立体支架 首先按 80 厘米的每层间距用角钢固定 3 层栽培架,架长 5 米,沿南北方向设置,每行栽培架的间距为 120 厘米,然后在每层架上按宽 25 厘米、高 6 厘米制作 5 米长的木质

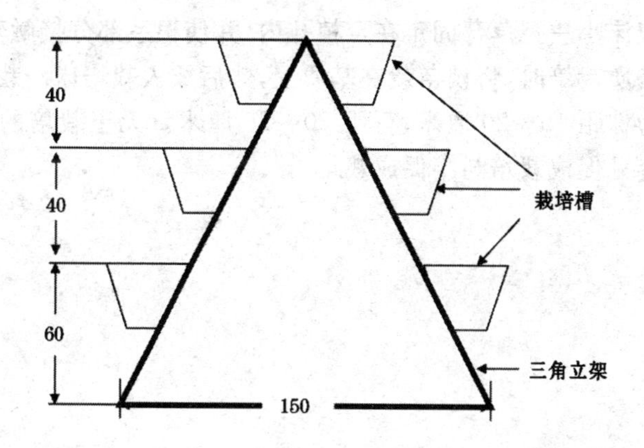

图 8-1　草莓三角立体栽培侧面示意图　（单位:厘米）

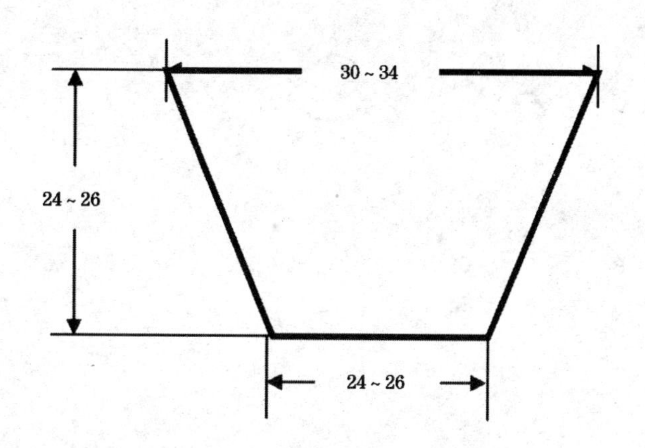

图 8-2　草莓栽培槽侧面图　（单位:厘米）

草莓栽培床,床内铺聚乙烯塑料薄膜,上覆 3 厘米厚的聚苯塑料定植板,板上按 15 厘米×20 厘米间距打定植孔,定植孔直径 3 厘米。在温室中部设地上式营养液池,用潜水泵供液。营养液由各栽培床的一端进液,另一端回液进入总回液管,回流入营养池。

采用营养液膜栽培时,需将草莓根部的基质用清水洗净,然后用软泡沫小块把草莓固定在定植孔内，并使根系部分接触营养液。采用基质栽培时，将秧苗栽在基质上，然后放入栽培床。栽植密度一般为株距 15～20 厘米、行距 20～25 厘米。无土栽培的其他管理内容见促成栽培与半促成栽培。

九、草莓病虫草害防治技术

1. 我国现阶段的植保策略是什么？有什么具体含义？

我国植保工作中以“病虫害综合治理”作为植保策略。其基本含义是从农业生态系统整体出发，充分考虑环境和所有生物种群，在最大限度利用自然因素控制病虫害的前提下，采用各种防治方法相互配合，把病虫害控制在经济允许的危害水平以下，以利于农业的可持续发展。

2. 实施病虫害综合治理的指导思想是什么？

根据病虫害综合治理的基本原理，在进行病虫害防治时，要从整个果园及其所处环境做全面的考虑，即对生物系统中生物和非生物因素进行分析，综合考虑经济效益、生态效益和社会效益，最大限度地利用自然控制因素防止病虫害的发生，尽量能够创造一个不利于病虫害发生，而作物能够正常生长发育的环境。如草莓病害的发生和降雨、湿度往往关系密切，如何能够创造一个不利于发病，而又不影响草莓生长发育的湿度将会控制病害的发生。还要通过栽培措施提高作物抗病虫能力，充分利用生物农药和自然天敌控制病虫害。加强病虫害测报工作，减少盲目用药，在必须用药时，尽量局部用药和使用有选择性的低毒农药。用药时注意农药的交替使用，以减缓抗药性的产生。

3. 在病虫害综合治理中有哪些基本的措施？

在病虫害的综合治理中，各种措施形成一个有机的整体，只有将其综合运用才可以较小的代价取得好的效益。其基本的措施如下。

(1)利用自然因素控制病虫害 病虫害综合治理包括许多措施,但首先要考虑利用自然控制因素,它包括寄主的适宜性、生活空间、隐蔽场所、气候变化、种间竞争等。创造不利于病虫害发生的环境是病虫害防治的根本方法。

(2)植物检疫 国家或地方政府制定法律,通过检测禁止或限制危险性病、虫、草等人为地从国外传入本国,或从外地传入本地区。一种新的病虫害传入,由于缺乏天敌,植物抗性弱时,可能会给当地农业生产带来严重的危害。

(3)农业防治法 是利用自然因素控制病虫害的具体体现,通过各种农事操作,创造有利于作物生长发育而不利于病虫害发生的环境,达到直接消灭或控制病虫害发生的目的。如改变土壤的微生态环境、合理作物布局、轮作间作、抗病虫育种等。

(4)生物防治法 利用有益生物及生物的代谢产物防治病虫害的方法,称为生物防治法。包括保护自然天敌,人工繁殖释放、引进天敌,病原微生物及其代谢产物的利用,植物性农药的利用以及其他有益生物的利用。该种方法在病虫害综合治理中将越来越显得重要。

(5)化学防治法 利用化学农药直接杀死或控制病虫害发生、发展的措施,称为化学防治法。根据病虫害综合治理的基本原理,化学防治法是在考虑其他防治方法难以控制病虫危害的情况下才应用的措施。它的使用是对病虫种群密度起到暂时的调节作用。由于目前的技术水平,化学防治仍是当前最常用的防治手段。但今后的发展方向是朝高效低毒、环境可容性农药的方向发展。

(6)物理机械防治法 应用各种物理因子、机械设备以及多种现代化工具防治病虫害的方法,称为物理机械防治法,如器械捕杀、诱集诱杀、套袋隔离、放射能的应用等。

4. 如何在草莓的生长发育关键期进行病虫草害综合治理?

(1)清理草莓园　在草莓采收结束后,及时清园,拔除草莓植株,收集并集中深埋,减少褐斑病、轮斑病、白粉病、灰霉病等病原及红蜘蛛、白粉虱、椿象等虫源。

(2)花期防治病虫害　开花前喷1次防治蚜虫、红蜘蛛、灰霉病、芽枯病的药剂,可用10%吡虫啉可湿性粉剂5 000倍液混用50%多菌灵可湿性粉剂1 200倍液,或50%腐霉利可湿性粉剂800倍。如果白粉病严重,可用15%三唑酮可湿性粉剂1 500倍液,或12.5%烯唑醇可湿性粉剂2 000倍液喷雾。

(3)坐果期防治病虫害　坐果后以防治灰霉病为中心,可喷药2～3次,使用药剂有50%乙霉威可湿性粉剂1 500倍液,或50%腐霉利可湿性粉剂800倍液,或50%异菌脲可湿性粉剂1 500倍液,特别是降雨后及时喷药。大棚内注意控制湿度,尽量选用烟剂或粉尘剂,如10%腐霉利烟剂、5%百菌清粉尘剂等。发现病果及时清除。当雨水多时,注意防治草莓疫腐病,降雨后喷洒40%三乙膦酸铝可湿性粉剂200倍液,或64%噁霜灵可湿性粉剂500倍液。

(4)采果后病虫害防治　果实采收后,及时喷1次1∶2∶240的波尔多液,防治草莓蛇眼病、褐斑病等。到7～8月份注意粉虱、叶蝉的发生,需要防治时,可喷洒10%吡虫啉可湿性粉剂5 000倍液,另外混加50%多菌灵可湿性粉剂600倍液,以防治褐斑病、蛇眼病等。

(5)匍匐茎苗分离后　草莓苗分离匍匐茎后喷洒1次波尔多液保护植株叶片,以形成壮苗越冬。

(6)防治地下害虫　蝼蛄、地老虎为害果实时,在傍晚撒施麦麸毒饵防治。地下害虫严重时，在草莓收获完毕后，应及时灌根防治，可用50%辛硫磷乳油500倍液顺行开沟浇灌，然后覆土，每667米^{2}用50%辛硫磷乳油0.5千克。

5. 如何对农药进行简单的鉴别？

农药是一种特殊的商品，在农药的使用过程中，因为其药效的质量所产生影响不但直接，而且损失较大，有时甚至是不可挽回的。下面介绍几种简单的农药鉴别方法，供大家在购买农药时作为参考。

(1)农药标签 标签中必须注明产品的名称、农药登记号、产品标准号、生产许可证或生产批准号以及农药的有效成分、含量、净重(或净体积)、产品性能、毒性、用途、使用方法、生产日期、有效期、注意事项和生产企业名称、地址、邮政编码、分装单位，其中农药登记号尤其重要。

农药产品名称应当是通用名，农药购买者应仔细看标签，凡不是通用名称或不标明农药成分的产品，不要轻易购买。在农药的有效期中，一般水剂农药的有效期是1年，有机磷农药的有效期为2年，氨基甲酸酯类与粉剂类等有效期可在3年以上。

(2)农药药效鉴别法

①*乳剂农药药效鉴别法* 发现农药瓶里有沉淀、分层絮结现象，可将此药瓶放在热水中(水温不可过高，以50℃～60℃为宜)静置1小时，若沉淀物分解、絮结消失，说明农药有效，否则农药失效不能再使用。若农药瓶内出现分层现象，上层浮油下层沉淀，可用力摇动药瓶，使两层混匀，静置1小时，若还是分层，证明农药已变质失效，如果分层消失，说明农药未失效，可以使用。也可取少许药剂，加水1～2倍，搅匀后静置2小时，若水面有浮油层，则农药为伪劣农药。

②*粉剂农药药效鉴别法* 取粉剂农药50克，放在玻璃瓶内，

加少许水调成糊状，再加适量的清水搅拌均匀，放置10～20分钟，好的农药粉粒细，沉淀缓慢且少；失效农药粉粒粗，沉淀快而多。若粉剂农药已结块，不容易分解，证明已失效，不能再使用。

③可湿性粉剂农药药效鉴别法　将少量农药轻撒在泼有水的地面上，如果1分钟后农药还不溶解，说明已失效。将1克农药撒入1杯水中，充分搅拌，如果沉淀速度快，液面呈半透明状，则说明农药已失效，不宜使用。

④田间检验法　用于检查疑难久存农药或新出厂的农药。可按使用说明配制好药液，然后喷洒在事先已调查有病虫害发生的一小片果园内，调查药效，若防治效果未达到防治要求，说明此农药无效，可能为假冒伪劣农药。

(3)农药三证，缺一不可　识别农药三证，可防假劣农药。凡是不以LS，PD，XK，Q等英文字母打头的三证号，往往是自己编写的，不受法律保护，其质量值得怀疑。

①登记证　临时登记证是以LS或WL打头。正式(品种)登记证号以PD，PDN或WP，WPN打头。分装农药的尚需办理分装登记证号。

②生产许可证号　农药生产许可证号格式如XK13067009(40%水胺硫磷乳油)，农药生产批准文件号格式如HNP33055C0440(58%车草宝可溶性粉剂)。

③质量标准证　我国农药质量标准分为国家标准、行业标准、企业标准3种，其证号分别以GB或Q等打头。

6. 在施用农药时影响喷雾用药效果的因素有哪些?

喷雾施药是草莓生产中主要的用药方式，在施用的过程中受到影响因素很多。主要有下面几种情况。

(1)雾滴的大小　雾滴的大小影响药液在植物体表面的黏着性，一般雾滴过大则附着性差，雾滴过小易被气流带走或随空气蒸发,造成流失,不容易在植物体表面沉积。在一定的植物体面积用一定量的药液,雾滴越小,密度越大,施药效果越好。

(2)雾滴的湿润展布性 药液只有良好的到达昆虫和植物体表面,并湿润展布均匀,才可以发挥药效。由于昆虫和植物体表面由脂溶性物质构成,只有湿润才能展布。如果能降低液体表面的张力就能增加液体的湿润展布性,提高防治效果,这时一般在农药中加入湿润剂和乳化剂。

(3)植物体表面的结构 在大容量喷雾的条件下(50～100千克/667米^{2}的药液量),植物体表面的结构对防治的效果影响较大。一般叶面有大量茸毛或较厚蜡质层的植株,不易在其表面被药液湿润展布。因此对于难以湿润的植物要在药剂中加入湿润剂。昆虫体表构造差异大,对于体表被保护层(如介壳虫类)和较厚蜡质层(如棉蚜等)覆盖的害虫,可用低容量喷雾(1～10千克/667米^{2}的药液量),使药液附着在各种结构的表面而发挥出农药的效果。

(4)喷雾水平 要求使药液均匀地分布在目标植物体及目标昆虫上。在常规喷雾中喷药量一般要求使植物表面充分湿润,但药液不形成水珠从叶面上流下为宜。对在叶片背面为害的害虫,应注意叶背的用药。

7. 在草莓生产中如何科学地施用农药?

在防治病虫草危害过程中,要以最小的投入取得最大的经济效益,夺取高产、稳产,防止因施用农药而带来的污染,就必须科学合理地使用农药。合理使用农药就要以最少的药剂,获得最大的防治效果,同时尽量减少对作物及环境的污染,保证对人畜、农作物及鱼类等的安全,对害虫天敌影响较小,能延缓病虫草害对农药产生抗性等。为此,要首先了解农药的药剂特性、防治对象和使用条件的关系,才能达到经济、有效、安全的目的。

(1)安全用药 根据《中华人民共和国农业部公告2002年第194号和第1999号》无公害草莓生产禁止使用的农药有：六六六，滴滴涕，毒杀芬，二溴氯丙烷，杀虫脒，二溴乙烷，除草醚，艾氏剂，狄氏剂，汞制剂，砷、铅类，敌枯双，氟乙酰胺，甘氟，毒鼠强，氟乙酸钠，毒鼠硅，甲胺磷，甲基对硫磷，对硫磷，久效磷，磷胺，甲拌磷，甲基异柳磷，特丁硫磷，甲基硫环磷，治螟磷，内吸磷，克百威，涕灭威，灭线磷，硫环磷，蝇毒磷，地虫硫磷，氯唑磷，苯线磷，氧化乐果，水胺硫磷，灭多威等及其他高毒、高残留农药。所有使用的农药均应在农业部注册登记。农药安全使用标准和农药合理使用准则参照GB 4285和GB/T 8321(所有部分)执行。

农药能否在草莓上使用，使用次数的多少，使用时间的确定，除取决于是否造成药害外，还取决于其毒性的大小。为充分发挥农药的效果，减少副作用，达到经济、安全、有效的目的，必须严格按农药安全准则用药。

(2)对症施药 农药的品种很多，特点不同，防治草莓病虫草害的种类也很多，各地差异也甚大，危害习性也有变化，应针对防治对象，选择最适合的农药品种。自然生物(病、虫、草)在不同地区的生存环境中，它们的耐药力会有不同程度变化。因此使用农药之前必须认识防治对象和掌握选择适当的农药品种，参考各地植物保护部门所编写的书籍、手册，防止误用农药，达到对症施药的理想效果。

(3)适时施药 施药时期应根据有害生物的发育期及作物生长进度和农药品种而定。各地病虫测报站，要做常年监测，发出预报，并对主要病、虫制定出防治指标。如发生量达到防治指标，应施药防治。施药时，还应考虑田间天敌情况，尽可能躲开天敌对农药的敏感期。如除草剂施用时既要看草情还要看“苗”情，如用芽前除草剂，绝不能在出芽后用。草莓主要关键生育期的防治参考前面的内容。

(4)适当施药 各类农药使用时,均需按照商品介绍说明书推荐用量使用,严格掌握施药量,不能任意增减,否则必将造成作物药害或影响防治效果。操作时,不仅药量、水量、饵料量称准,还应将施用面积量准,才能真正做到准确适量施药,取得好的防治效果。

(5)均匀施药 农药的各种剂型施用方法有所不同,使用器械也各异。目前施药机具的主要类别有喷雾机、喷粉机、颗粒撒施机、烟雾喷射机、拌种机等,每一类机具中又有很多种。各种农药所施用的机具都有其特定的用途和性能,而施药时,液体药剂喷洒、粉剂喷施、颗粒剂撒施、毒饵投入均需考虑使用的器械和机具的性能、特点,才能很好地发挥其应有的作用,使药剂均匀周到地分布在作物或有害生物表面,取得科学、高效的防治结果。如喷洒除草剂时,使用专用喷头——激射式喷头,可减轻由于细雾飘扬使作物受到药害。超低容量喷雾法,要求雾化细度能达到50微米左右,雾滴能在空中飘移运行相当长的时间、距离,不至于很快落到地上。使用手持低容量喷雾器时,不可将转盘喷头塞到作物下层来使用,否则不但不能发挥其应有作用,反而对草莓造成损害。

施药时加入合适的黏着剂,也叫展附剂、展着剂、湿润剂。黏着剂能增加农药在作物、昆虫体表的附着能力,减少风雨对药剂的吹失和冲刷,增加农药的残效,提高防治效果。如纸浆废液、皂角、大豆粉、洗衣粉、拉开粉等,聚乙醇、乳酪素、皮胶、肥皂等作黏着剂效果也很好。如将洗衣粉等加入药液中,施药后遇到小、中雨也不易把药液冲刷掉。做法是每667米^{2}药液中加洗衣粉50～100克,拌匀后喷施,不宜久放。

(6)合理选择农药 在一个地区使用一种农药防治同一种病虫害,长期连续使用,往往药效明显减退,甚至无效,且容易使有害生物产生抗药性。如杀虫、杀菌剂连续使用,害虫及病原菌产生抗药性更明显。近70年来产生抗药性的害虫种类已达600余种,病菌发生抗药性的种类也有数十种之多。特别是一些菊酯类杀虫剂和内吸性杀菌剂，连续使用数年，防治效果大幅度降低。出现有些药剂的药效减退现象时，要注意应从多方面加以调查、分析，找到准确的原因。因为任何一种农药的药效，除了药剂本身的毒力水平以外，还要受到其他多种因素和条件的制约。如自然条件，温湿度差别，喷药技术，使用浓度，配制毒饵所用饵料是否新鲜适口，防治对象是否对口等，不要轻易地做出结论。抗药性的预防，主要是轮换用药、混合用药、间断用药以及科学的施药技术。

①轮换用药　轮换使用作用机制不同的农药品种，是延缓有害生物产生抗药性的有效方法之一。如杀虫剂中有机磷制剂、拟除虫菊酯类制剂、氨基甲酸酯类制剂、有机氮制剂、生物制剂等几大类，其作用机制都不同，可轮换使用；杀菌剂一般接触性杀菌剂如代森类、无机硫制剂类、铜制剂类都不大容易引起抗药性，是较好的可轮换用药。需要注意的是一般内吸杀菌剂，如苯并咪唑杀菌剂（多菌灵、托布津等）及抗生素类杀菌剂等，比较容易引起抗药性。

②混合用药　科学混配农药。当前国内外对农药的混用和混剂都非常重视。为减缓抗药性的发生速度，按作用方式和作用机制不同，把 2 种或 2 种以上不同有效成分的农药制剂混配在一起施用，称为农药的混用。为了混用而加工出售有 2 种以上有效成分的农药制剂称为农药混合制剂。根据其用途不同又分为杀虫混剂、杀菌混剂、除草混剂、杀虫杀菌混剂、杀虫除草混剂等。合理科学地混用农药可以提高防治效果，延缓有害生物产生抗药性或扩大使用范围兼治不同种类的有害生物，节省人力和用药量，降低成本，提高药效，降低毒性，增强对人畜的安全性。如乙霉威与多菌灵、甲基硫菌灵、乙烯菌核利混配；BT 乳剂与杀虫双混用等均有增效作用。灭多威与菊酯类混用；双硫灭多威与氨基甲酸酯、有机磷混用；有机磷制剂与拟除虫菊酯混用；甲霜灵与代森锰锌混用。

混配的农药同样也不能长期单一使用,也须轮换用药,否则也会引起抗药性产生。并非所有农药都能混用,如遇碱分解的有机磷杀虫剂不能与碱性强的石硫合剂混用。可以混用的农药,其有效成分之间不能发生化学变化。近几年发展最快的是高效拟除虫菊酯类杀虫剂与有机磷杀虫剂为有效成分的混配制剂。

③间断用药　已产生抗药性的药,在一段时间内停止使用,抗药性现象可能逐渐减退,甚至消失。如过去防治蚜虫使用的内吸磷、对硫磷等引起蚜虫的抗药性,经过一段时间停止使用后,抗药性基本消失,药剂的毒力仍可恢复。

8. 在草莓的无公害生产中都有哪些禁用的农药?可以使用哪些农药?

为了便于大家参考,这里将无公害草莓生产禁止使用的农药品种和草莓无公害生产推荐农药及植物生长调节剂列于表9-1、表9-2。

表 9-1　无公害草莓生产禁止使用的农药品种

农药种类	农药名称	禁用原因
无机砷杀虫剂	砷酸钙、砷酸铅	高　毒
有机砷杀菌剂	甲基胂酸锌(稻脚青)、甲基胂酸铵(田安)、福美甲胂、福美胂	高残留
有机锡杀菌剂	薯瘟锡(毒菌锡)、三苯基醋酸锡、三苯基氯化锡、氯化锡	高残留、慢性毒性
有机汞杀菌剂	氯化乙基汞(西力生)、醋酸苯汞(赛力散)	剧毒、高残留
有机杂环类	敌枯双	致　畸

续表 9-1

农药种类	农药名称	禁用原因
氟制剂	氟化钙、氟化钠、氟化酸钠、氟乙酰胺、氟铝酸钠	剧毒、高毒、易药害
有机氯杀虫剂	DDT、六六六、林丹、艾氏剂、狄氏剂、五氯酚钠、硫丹、三氯杀螨醇	高残留
卤代烷类熏蒸杀虫剂	二溴乙烷、二溴氯丙烷、溴甲烷	致癌、致畸
有机磷杀虫剂	甲拌磷、乙拌磷、久效磷、对硫磷、甲基对硫磷、甲胺磷、治螟磷、磷胺、内吸磷、甲基异柳磷、氧化乐果、灭线磷、硫环磷、蝇毒磷、地虫硫磷、氯唑磷、苯线磷	高毒、高残留
氨基甲酸酯杀虫剂	克百威(呋喃丹)、丁(丙)硫克百威、涕灭威、灭多威	高　毒
二甲基甲脒类杀虫杀螨剂	杀虫脒	慢性毒性、致癌
取代苯杀虫菌剂	五氯硝基苯、稻瘟醇(五氯苯甲醇)、苯菌灵(苯莱特)	国外有致癌报道或二次药害
二苯醚类除草剂	除草醚、草枯醚	慢性毒性

(摘自浙江省地方标准 DB 33/T 501.2—2004 无公害草莓第 2 部分:生产技术准则)

表 9-2　草莓无公害生产推荐农药及植物生长调节剂

名称(通用名)	防治对象	使用浓度	安全间隔期
15%哒螨灵(哒螨酮)	螨　类	1500 倍液	7 天
10%阿维·哒螨	螨类、蚜虫	1500～2000 倍液	5 天
1%灭虫灵(阿维菌素)	蓟马、夜蛾类、蚜虫	2000 倍液	3 天

续表 9-2

名称(通用名)	防治对象	使用浓度	安全间隔期
2%莱喜(莱甾醇素)	蓟马、夜蛾类、蚜虫	1000 倍液	1天
3%农不老(啶虫脒)	蓟马、粉虱、蚜虫	3000 倍液	3天
5%尼索朗(噻螨酮)	螨　类	2000 倍液	苗期使用
10%吡虫啉	蓟马、粉虱、蚜虫	3000 倍液	苗期使用
3%虱蚜威(吡虫啉)	蓟马、粉虱、蚜虫	1500 倍液	苗期使用
48%乐斯本(毒死蜱)	地下害虫	300～1000 倍液	土壤、苗期使用
5.7%百树得(氟氯氰菊酯)	斜纹夜蛾、蚜虫	1500 倍液	苗期使用
20%一熏灵(二甲菌核利)	白粉病、灰霉病等	4个药/标准棚熏蒸	采前 7 天
3%烯唑醇	白粉病、灰霉病等	2000～3000 倍液	采前 7 天
硫　磺	白粉病、灰霉病等	50 克药/标准棚熏蒸	采前 7 天
80%大生(代森锰锌)	白粉病、灰霉病、炭疽病	800 倍液	苗期使用
25%使百克(咪鲜胺)	白粉病、灰霉病、炭疽病	1000 倍液	采前 3 天
10%多抗灵(多抗霉素)	白粉病、灰霉病等	300 倍液	采前 3 天
赤霉素		5～10 毫克/升	
增产菌(芽孢杆菌)		1000 倍液	
细胞分裂素		600 倍液	
天然芸薹素(芸薹素内酯)		1 毫克/升	

(摘自浙江省地方标准 DB 33/T 501.2　2004 无公害草莓第 2 部分:生产技术准则)

9. 草莓病毒病如何进行症状识别？发病条件是什么？如何进行防治？

草莓病毒病是一种世界性的病害。只要有草莓种植就有此病的发生或带有病原体。随着生产者栽培水平的提升，此病成为抑制草莓产量、质量提高的主要病害。

(1)症状识别 草莓病毒病可由多种病毒单独或复合侵染引起，特别是感染单种病毒，大多症状不显著，或者难以看出什么症状，称为隐症，而表现出症状的多为长势衰弱、退化，如新叶展开不充分，叶片小型化，无光泽，叶片变色，群体矮化，坐果少，果型小，产量低，生长不良，品质变劣，含糖量降低，含酸量增加，甚至不结果。复合感染时，由于毒源不同，表现症状各异。草莓上发生的病毒病种类很多，对草莓的产量和品质影响很大，其中危害严重的有5种：一是草莓斑驳病毒，该病毒单独侵染不表现症状，只有复合侵染时表现为植株矮化，叶片变小，产生褪绿斑，叶片皱缩及扭曲。二是草莓轻型黄边病毒，该病毒可引起植株矮化，当复合侵染时，可引起叶片失绿黄化，叶片卷曲。三是草莓镶脉病毒，该病毒单独侵染时无明显症状，当和斑驳病毒或轻型黄边病毒复合侵染时，病株叶片皱缩扭曲，植株极度矮化。四是草莓皱缩病毒，在感病品种上表现为叶片畸形，有褪绿斑，幼叶生长不对称，小叶黄化，植株矮小。五是草莓潜隐环斑病毒，该病毒单独侵染时在多数栽培品种上不表现症状，和其他病毒复合侵染时，植株表现为矮化，叶片反卷扭曲。

(2)发病条件 苗木带毒是病毒远距离传播流行的主要原因之一，引进带毒草莓后，自然繁殖的苗子都带毒。另外，蚜虫是田间株间传毒的主要媒介，蚜虫在传毒以后，病毒在植株体内要经过半个月以后才会发病表现症状。

(3)防治方法 一是注意检疫,引进无病毒苗木栽植,可显著提高草莓产量和品质,并注意2～3年换1次苗。二是种苗脱毒,草莓苗在40℃～42℃条件下处理3周,切取茎尖组织培养,获得无毒母株后,进行隔离繁殖无毒苗,具体脱毒苗的生产见草莓苗的繁殖技术。三是生长期防治蚜虫,可用10%吡虫啉可湿性粉剂5 000倍液喷雾,大棚中可用1%吡虫啉烟剂喷烟防治,以防止加大棚内湿度。

10. 草莓白粉病如何进行症状识别?发病条件是什么?如何进行防治?

草莓白粉病是冷凉地区,山地栽培和保护地栽培中的重要病害。原先主要发生在我国北方草莓产区,特别是东北草莓产区有的年份发病较重。由于近年来保护地栽培的不断发展,受设施栽培相对高温多湿小气候的影响,白粉病不但在草莓整个生育期均可发病,在适宜条件下可以迅速发展,严重时由于防治不及时或不到位会造成绝产,失去栽培意义,且现在多数地区白粉病已成为草莓病毒病之后的第二大病害。

(1)症状识别 白粉病主要危害草莓叶片和嫩尖,花、果、果梗及叶柄也可受害。受害叶片初期产生红色至紫红色、无明显边缘的病斑,后多个病斑融合成大斑,上生一层白粉状物,往往叶背面白粉较多,后叶缘向上卷起似汤匙状,渐现暗色污斑及白色粉状物,末期呈红褐色斑,叶缘萎缩、焦枯。果实早期受害幼果停止发育;后期受害果面形成一层白色粉状物(这是病原菌的分生孢子),果实失去光泽并硬化,且以后着色缓慢。

(2)发病条件 适宜发病温度在15℃～25℃,湿度较小时易发病,其病菌属低温性,在5℃以下和35℃以上均不发病。发病空气相对湿度为25%～75%,湿度越大病害越重。但是在过高的湿度条件下，病菌孢子遇水滴或水膜，吸水后会破裂。若品种选择不当、管理粗放、连作、未及时摘除老叶和病叶、偏施氮肥、植株嫩绿、栽植过密或通风除湿不当，均易诱发草莓白粉病。草莓白粉病在适温高湿条件下易流行。在遇连阴雨天后转晴，设施栽培中温度适宜、湿度大，病菌繁殖和病害蔓延速度加快。

(3)防治方法 一是采用抗病品种，具体品种参考品种介绍。二是清除病原菌，秋季及时清除病叶、病果，并集中深埋。春季发现病叶及时摘除深埋，并及时喷药防治。三是要注意调节好保护地的温湿度，白天要保持在适当高温低湿范围内，夜间尽量使室内温度降至作物适宜温度的下限，最大限度地降低室内湿度，因高温低湿和低温低湿抑制分生孢子萌发，从而减少适宜发病条件。四是在发病初期及时进行化学防治，研究表明用苯醚甲环唑、苯醚甲环唑＋丙环唑、氟硅唑、腈菌唑杀菌剂，田间防治效果均可达到80％以上。苯醚甲环唑、苯醚甲环唑＋丙环唑、氟硅唑的持效期约为 18 天，而腈菌唑的持效期较短，约为 7 天。如果已经发病须用以上药液，连续喷洒 3～4 次。另外，亦可选用保护剂松脂酸铜、苯醚甲环唑及含硫或硫磺的悬浮剂。推荐使用生物制剂喷洒 2％农抗 120 水剂 200 倍液，或 2％武夷菌素水剂 200 倍液，隔 6～7 天防 1 次，或用 27％高脂膜乳剂 80～100 倍液，于发病初期开始喷洒，隔 5～6 天 1 次，连喷 3～4 次。只要喷布细致周密，都可有效地防治白粉病的发生与危害。

需要注意的是达到有效成分氟硅唑 15 克/667 $米^2$ 和三唑酮 20～30 克/667 $米^2$ 用量时，则在不同程度上有抑制草莓生长的现象。三唑酮在草莓开花结果期施用易产生药害，并且对蜜蜂安全性低，不宜在草莓花果期施用，可以在苗期施用。腈菌唑和苯醚甲环唑对草莓生长无不良影响，对蜜蜂安全性高，但不要随意提高施药浓度。花果期施用腈菌唑浓度过高，会形成僵果。花期一般在下午 16 时后施药。注意交替用药，以延缓抗药性产生。采收前 7

天停止用药。

此外，石硫合剂对防治白粉病有特效，如发生严重时，可喷洒0.2～0.3波美度石硫合剂，注意喷洒细致，使叶片背面和芽的空隙间都均匀着药效果甚佳。

日本目前之所以种植不抗病的草莓品种，如丰香、女峰、章姬、鬼怒甘等栽培面积仍然很大，主要采用硫磺熏蒸技术抑制白粉病的危害。硫磺熏蒸技术是在棚内每100米^{2}安装1台熏蒸器，熏蒸器内盛20克含量99%的硫磺粉，在傍晚大棚放苫后开始加热熏蒸，隔天1次，每次4小时，其间注意观察，硫磺粉不足时再补充。熏蒸器悬吊于大棚中间距地面1.5米处，为防止硫磺气体硬化棚膜，可在熏蒸器上方1米处设置一伞状废膜用以保护棚膜。此种方法对蜜蜂无害，但熏蒸器温度不可超过280℃，以免亚硫酸对草莓产生药害。如果棚内夜间温度超过20℃时要酌减药量。

11. 草莓灰霉病如何进行症状识别？发病条件是什么？如何进行防治？

草莓灰霉病是世界各国草莓的主要病害之一，无论何种栽培形式均易发生。

(1)症状识别　灰霉病主要侵害叶、花、果柄、花蕾及果实。叶片上产生褐色或暗褐色水渍状病斑，有时病部微具轮纹。空气干燥时呈褐色干腐状，湿润时叶背出现乳白色茸毛状菌丝团。花及花柄发病时，病部变为暗褐色，后扩展蔓延，病部枯死，由花延续至幼果。果实发病初期病部出现油渍状淡褐色小斑点，后病斑颜色加深呈褐色，最后果实变软，表面密生灰白色霉层。

(2)发病条件　灰霉菌腐生性强，寄主范围广，在受害植物组织中越冬，在春季高湿条件下繁殖，当温度在20℃左右、阴雨或灌水湿度过大时，病菌繁殖迅速，病菌孢子借风雨传播，易从伤口侵入;反之,在空气干燥,温度在31℃以上或2℃以下时不适宜发病。露地草莓一般年份在花期多雨时,发病较重;反之,干旱少雨往往发病轻。设施栽培在多肥、密植、下部叶片没有摘除而枝叶繁茂、株间郁闭再加上连续阴雨湿度过大时发病快。此外,连作田、重茬田或宝交早生、达娜等感病品种发病重。

(3)防治方法 一是避免在低洼积水地块栽植草莓,控制施肥量,合理密植,通风透光,选用抗病品种。二是清除病原,把病果、枯叶清理深埋,实行轮作,高畦栽培。三是从花序显露开始喷药,先喷1次1∶1∶200波尔多液,或1%多抗霉素可湿性粉剂500倍液,或80%敌菌丹可湿性粉剂700～1 000倍液,或50%克菌丹可湿性粉剂800倍液等。在首批花坐果后及时喷50%腐霉利可湿性粉剂800倍液,或45%噻菌灵悬浮剂1 000～1 500倍液,或50%乙烯菌核利可湿性粉剂1 500倍液,或25%乙霉威可湿性粉剂1 200倍液,根据天气情况7～10天喷1次,特别是降雨后应及时喷药。四是在大棚内尽量使用烟剂或粉尘剂,以免喷洒水剂增加空气湿度。可首选百菌清或腐霉利烟剂,或将棚温提高至35℃,闷棚2小时,然后通风降温,连续闷棚2～3次,可防治灰霉病。

12. 草莓炭疽病如何进行症状识别?发病条件是什么?如何进行防治?

草莓炭疽病现在是草莓产区的重要病害之一,特别是在草莓育苗田发生较严重。

(1)症状识别 主要危害匍匐茎、叶柄、叶片、托叶、花萼和花瓣,果实也可感病,也可导致局部病斑或全株萎蔫枯死。最明显的是病症是在匍匐茎和叶柄上产生溃疡状、稍凹陷的病斑,长3～7毫米,黑色,纺锤形或椭圆形。浆果受害后,产生近椭圆形病斑,浅褐色至褐色，呈软腐状并凹陷，后期湿润条件下可长出肉红色的黏质孢子团。匍匐茎和叶柄上的病斑可扩展1周形成环形圈，其上面部分萎蔫枯死。有时叶片和叶柄产生污斑状病斑。植株的萎蔫症状在假植苗和母株上均可发生，开始1～2片嫩叶失去活力下垂，傍晚又恢复正常，逐渐发展直到植株整体很快枯死，虽然不出现心叶矮化或黄化现象，如切开枯死病株根茎部观察，则从外向内变褐，而维管束则不变色。

(2)发病条件 病菌在组织或植株残体内越冬，现蕾期开始在近地面植株的幼嫩部位侵染发病。草莓炭疽病是典型高温性病菌，病菌生长适宜温度为30℃左右，最低为10℃～15℃，最高为35℃～40℃，在盛夏高温雨季该病易大规模流行。在田间，孢子借风雨和流水传播。连作、老残叶多、氮肥过量植株柔嫩或密度过大造成株间郁闭时发病重。草莓品种对炭疽病抗性有差异，章姬、红颜等易感病，达赛莱克特、甜查理、卡麦罗莎等抗病。

(3)防治方法 一是选用抗病品种。栽植不宜过密，氮肥不宜过量，施足有机肥和磷、钾肥，提高植株抗病力。及时清除病残体，避免连作，特别是苗圃连作。二是适时进行药剂防治，棚室或露地发病初期，特别是匍匐茎抽生前，喷洒1∶1∶200波尔多液，或25％咪鲜胺乳油1 000倍液，或50％咪鲜胺锰盐可湿性粉剂1 500倍液，或60％福·福锌可湿性粉剂700倍液，或1％多氧清水剂300倍液，或50％混杀硫悬浮剂500倍液，或80％炭疽福美可湿性粉剂800倍液，或25％溴菌腈可湿性粉剂500倍液，或4％噁霜锰锌可湿性粉剂1 000倍液。隔7～10天1次，采前5天停止用药。

13. 草莓叶斑病如何进行症状识别？发病条件是什么？如何进行防治？

草莓叶斑病也叫蛇眼病，曾在美国和日本形成较大面积的流行，我国各地发生普遍，是草莓叶部主要病害之一。

(1)症状识别 该病主要危害叶片，造成叶斑，大多发生在老叶上。叶柄、果梗、嫩茎、浆果和种子也可受害。叶上病斑初期为暗紫红色小斑点，随后扩大成2～5毫米大小的圆形病斑，边缘紫红色，中心灰白色，略有细轮纹，酷似蛇眼。病斑发生多时，常融合成大病斑。病菌侵害浆果上的种子，单粒或连片侵害，被害种子边同周围果肉变成黑色，使之丧失商品价值。

(2)发病条件 病原菌以病斑上的菌丝或在病残体上越冬和越夏，秋冬时节形成子囊孢子和分生孢子，释放出来后在空气中经风雨传播，侵染发病。该病是偏低温、高湿病害，春秋季特别是春季多阴湿天气有利于此病的发生和传播，一般花期前后和花芽形成期是发病高峰期。病菌生育适宜温度为18℃～22℃，低于7℃或高于23℃发育迟缓，28℃以上，此病发生极少。秋季和春季光照不足，天气阴湿发病重。重茬田、管理粗放和排水不良地块发病重，病苗和表土上的菌核是主要的传播源。品种间抗性差异显著，如达赛莱克特、吐德拉等较抗病。

(3)防治方法 一是选用抗病品种，及时摘除病老枯死叶片，集中烧毁，加强栽培管理，注意植株通风透光，不要单施速效氮肥，适度灌水，促使植株生长健壮。二是药剂防治。对定植苗用40%甲基硫菌灵可湿性粉剂400倍液浸苗15～20分钟，一般在现蕾开花期如发现病情，可用50%琥胶肥酸铜(DT)可湿性粉剂500倍液，或14%络氨铜水剂300倍液，或77%氢氧化铜可湿性粉剂500倍液，或75%百菌清可湿性粉剂500倍液，或70%代森锰锌可湿性粉剂350倍液喷布。隔7～10天1次，共2～3次。采收前5天停止用药。

14. 草莓"V"形褐色轮斑病如何进行症状识别？发病条件是什么？如何进行防治？

草莓"V"形褐斑病亦称草莓假轮斑病，在世界各草莓产区都有发生。我国分布也较为普遍，是草莓叶部主要病害之一。

(1)症状识别 该病主要危害叶片，一般新发叶较重，也危害花和果实。在幼叶上病斑常从叶顶部开始，沿中央主叶脉向叶基作"V"字形或"U"字形发展，形成"V"形病斑，病斑褐色，边缘深褐色；病斑内可相间出现黄绿红褐色轮纹，最后病斑内全面密生黑褐色小粒(分生孢子堆)。一般1片叶只有1个大斑，严重时从叶顶伸达叶柄，乃至全叶枯死。在老叶上最初为紫褐色小斑，逐渐扩大形成褐色不规则形状病斑，周围常呈暗绿色或黄绿色。花和果实受侵染后，花萼和花梗变成褐色死亡，引起浆果干性褐腐。

(2)发病条件 草莓"V"形褐斑病是偏低温、高湿病害，春秋季特别是春季多阴湿天气有利于此病的发生和传播，一般花期前后和花芽形成期是发病高峰期。28℃以上时此病发生极少。在保护地栽培的低温多湿，偏施氮肥、苗弱、光照不足的条件下发病重。连作地、前茬病重、土壤存菌多；或地势低洼积水，排水不良；土质黏重，土壤偏酸；植株生长过嫩，虫伤多易发病。品种间丰香、达赛莱克特较抗病。

(3)防治方法 一是选择抗性品种，及时清园摘除病老枯死叶片，集中烧毁，加强栽培管理，注意植株通风透光；不要单施速效氮肥，适度灌水，促使植株生长健壮，增施充分腐熟有机肥。二是药剂防治。一般抓好3个关键时期。第一在移植前清除种苗及重病株，并用70%甲基硫菌灵可湿性粉剂500倍液浸苗15～20分钟，待药液干后移栽。第二在现蕾开花期进行重点防治，发现病情可用75%百菌清可湿性粉剂1 000倍液，或40%氟硅唑乳油8 000倍液，或50%甲羟嗡水剂1 500倍液，或25%噻枯唑可湿性粉剂750～1 000倍液，或77%氢氧化铜可湿性粉剂800～1 000倍液，或50%福美甲胂可湿性粉剂1 000倍液，或15%农用链霉素可湿性粉剂750倍液，或401抗菌剂500倍液，或10%噁醚唑水分散粒剂1 500倍液，或2%农抗120水剂200倍液充分喷洒，隔5～7天1次，一般喷2～3次效果较好。第三在发芽至开花前用等量式波尔多液200倍液喷洒叶面，隔15～20天1次，有良好的功效。

15. 草莓褐色轮斑病如何进行症状识别？发病条件是什么？如何进行防治？

草莓褐色轮斑病广泛分布在世界各地，是主要的叶部病害之一。

(1)症状识别 该病主要危害叶片、果梗、叶柄，匍匐茎和果实也可受害。受害叶片最初出现红褐色小点，逐渐扩大呈圆形或近椭圆形斑块，中央为褐色圆斑，圆斑外为紫褐色，最外缘为紫红色，病健交界明显，后期病斑上形成褐色小点(病菌的分生孢子器)，多呈不规则轮状排列。几个病斑融合到一起时，可导致叶组织大片枯死。病斑在叶尖、叶脉发生时，常使叶组织呈“V”形枯死。

(2)发病条件 病原菌以菌丝体和分生孢子器在病叶组织上越冬或随土壤中的病株残体一起越冬。分生孢子通过雨水溅射或空气传播到叶片上，进行初侵染。病部不断地产生分生从而进行多次再侵染，使病害逐渐蔓延扩大。在25℃～30℃的高温多湿季节，病害发生严重。重茬和漫灌加重病害的发生程度。

(3)防治方法 一是因地制宜选用抗病良种。二是定植前摘除种苗病叶烧毁，并用70%甲基硫菌灵可湿性粉剂500倍液浸苗

20分钟，待药液晾干后栽植，可减少病源。在田间，发病初期开始喷洒2%农抗120水剂200倍液，或70%甲基硫菌灵可湿性粉剂800倍液，或40%多硫悬浮剂500倍液，或27%高脂膜乳剂200倍液混70%百菌清可湿性粉剂600倍液，隔10天1次，连续喷2～3次。

16. 草莓腐霉病如何进行症状识别？发病条件是什么？如何进行防治？

草莓腐霉病菌是世界性分布的土壤真菌，腐生能力很强，可以侵害多种瓜果作物的根部和幼苗，引起烂种、猝倒、立枯、烂根和烂果，主要危害近地面的果实和根。在我国已是草莓烂根和烂果病中的常见种类之一，特别在保护地中有加重趋势。

(1)症状识别 主要危害根和果实，果梗和叶柄也可受害。根部染病后变黑腐烂，导致地上部萎蔫，甚至死亡。贴地果和近地面果容易发病，病部呈水浸状，熟果病部开始为浅褐色，后变为微紫色，果实软腐并略具弹性，果面长满浓密的白色菌丝。叶柄、果梗感病后可变黑干枯。

(2)发病条件 菌丝生长适宜温度为28℃～36℃，空气相对湿度高于90%且持续14小时以上，此病易大发生。该病菌是世界上广泛分布的土壤真菌，存在于土壤、植物残体和粪肥中，在土壤中能够长期存活。通过病苗、病土和田间流水进行传播。此菌能在冷湿环境中侵染危害，也能在天气炎热、潮湿时猖獗流行。土壤含氮量高，碱性土壤上可加重腐霉病的发生。本病属于土壤真菌传播病害，连作重茬地及低洼地的植株发病严重。

(3)防治方法 一是搞好大棚内部和周围的卫生，选择抗病性强的品种，改善立地条件，提供良好的排灌系统，避免过量灌溉、施高氮肥，要增施磷钾肥、有机肥，使植株生长健壮，提高草莓抗病性。及时清除病株、病叶及各种病残体并深埋。二是土壤利用太阳能进行高温消毒处理。三是由于病害发生后,病情发展迅速,所以利用药剂控制是必不可少的手段之一,喷药适宜的时期在发病前夕或初期进行,可用50%腐霉利可湿性粉剂1 500倍液,或2%农抗120水剂200倍液,或69%烯酰吗啉·锰锌可湿性粉剂1 000倍液,或15%噁霉灵水剂400倍液,或64%噁霜灵可湿性粉剂600倍液,或58%甲霜·锰锌可湿性粉剂600倍液,或70%代森锰锌可湿性粉剂500倍液+50%甲基硫菌灵可湿性粉剂1 000倍液,一般防治2～3次即可收到较好效果。

17. 草莓红中柱根腐病如何进行症状识别?发病条件是什么?如何进行防治?

草莓红中柱根腐病又叫红心根腐病、红心病、褐心病,是冷凉和土壤潮湿地区草莓的主要病害,水旱轮作田和老产区发病偏重,此病在我国局部老产区已成为生产上毁灭性的病害。

(1)症状识别 主要危害根部。开始发病时,在幼根根尖或中部变褐腐烂,至根上有裂口时,中柱出现红色腐烂,并可扩展至根颈,病株容易拔起。该病可以分为急性萎蔫型和慢性萎缩型2种,前者多在春夏季发生,植株外观上没有异常表现,在3月中旬至5月初,特别是久雨初晴后,植株突然凋萎,青枯状死亡。后者主要在定植后至初冬期间发生,老叶边缘甚至整个叶片变成红色或紫褐色,继而叶片枯死,植株萎缩而逐渐枯萎死亡。定植后在新生的不定根上症状最明显,发病初期不定根的中间部位表皮坏死,形成1～5厘米红褐色至黑褐色梭形长斑,病部不凹陷,病健界限明显。严重时,病根木质部及髓部坏死褐变,整条根干枯,地上部叶片变黄或萎蔫,最后全株枯死。

(2)发病条件 病菌以卵孢子在土壤中可以存活数年,卵孢子在晚秋初冬时产生游动孢子，侵入主根或侧根尖端的表皮，形成病斑。菌丝沿着中柱生长，导致中柱变红、腐烂。病斑部位产生的孢子囊借助灌水或雨水传播蔓延。该病是低温高湿病害，地温6℃～10℃是发病适温，地温高于25℃则不发病，一般春秋多雨年份易发病，大水漫灌、排水不良加重发病。

(3)防治方法 一是农业措施。选无病地育苗，实行4年以上的轮作。选用抗病品种，采用高畦或起垄栽培，覆盖地膜，有利于提高地温、降低湿度。雨后及时排水，少用或不用大水漫灌。二是土壤消毒。在草莓采收后，将地里植株全部挖除干净，施入足量有机肥，深翻土壤，灌水后覆盖透明地膜20～30天利用太阳光消毒。三是药剂防治。发现病株及时挖除，在病穴内撒石灰消毒。发病初期，对所有植株灌根，可用58%甲霜·锰锌可湿性粉剂200倍液，或64%噁霜灵可湿性粉剂500倍液，或50%多菌灵可湿性粉剂1200倍液，或15%噁霉灵水剂700倍液，或72%霜脲·锰锌可湿性粉剂800倍液等，隔7～10天1次，连灌2～3次。采收前5天停止用药。

18. 草莓黄萎病如何进行症状识别？发病条件是什么？如何进行防治？

草莓黄萎病为世界性的病害，此病在部分老产区已成为严重的土壤真菌病害，除危害草莓外还危害茄子、番茄、秋葵、甜瓜、黄瓜和棉花等植物。

(1)症状识别 开始发病时首先侵染外围叶片、叶柄，叶片上产生黑褐色小型病斑，从叶缘和叶脉间开始黄褐色萎蔫，干燥时枯死。新叶感病时表现出无生气、绿色、小型化、呈黄绿或灰绿色，卷曲或下垂，部分小叶畸形。继而从下部叶片开始黄枯状萎蔫直至植株枯死。被害植株叶柄、果梗和根茎横切面可见维管束的部分或全部变褐。根在发病初期无异常,病株死亡后地上部分变成黑褐色腐败。当病株下部叶片变黄褐色时,根变成黑褐色而腐败,有时在植株的一侧发病,而另一侧健康,呈现所谓"半身枯萎"症状,病株基本不结果或果实不膨大。夏季高温季节不发病。心叶不畸形、黄化,中心柱维管束不变成红褐色。

(2)发病条件 病菌在病株上越冬,也可在土壤中以厚壁孢子的形式长期生存。带菌土壤是病害侵染的主要来源。病菌从草莓根部侵入,并在维管束里移动上升扩展引起发病,母株体内病菌还可沿匍匐茎扩展至子株引起子株发病。病菌也可通过灌水、耕作传播。该病为高温型土壤病菌,发病适宜温度为25℃～28℃,土壤过干或过湿都加重发病,低于20℃或高于33℃都不发病。在病田育苗、采苗或在重茬地、茄科黄萎病地定植发病均重。土质黏重、盐碱地、重茬连作、偏施氮肥、生粪烧根、定植伤根、栽植过稀、中午烈日下栽苗、土壤龟裂等情况下发病均重。特别是阴冷天灌水,易引起黄萎病暴发。

(3)防治方法 一是选用抗病品种,避免重茬。实行与葱蒜等非茄科作物4年以上的轮作,水旱轮作1年有效。高垄栽培铺地膜,定植后选晴天高温时灌水,小水勤灌,保持土面不龟裂。切忌偏施氮肥,忌施生粪,以免烧根。二是栽植前土壤消毒,在7～8月份高温期,土壤翻耕整地后,用塑料膜铺盖地面,增温消毒,可在铺膜前施入氨水或硫酸铵,利用高温挥发的氨气消毒。三是减少病源,杜绝在病园繁殖苗木,在生产园发现病株及时拔除,并进行土壤消毒。四是为预防传染可灌药防病,顺行开沟,用50%多菌灵可湿性粉剂500倍液灌根,或50%苯菌灵可湿性粉剂1 000倍液,或23%络氨铜水剂500倍液,或96%噁霉灵可湿性粉剂3 000～6 000倍液,80%乙蒜素乳油1 000倍液灌根,每株灌50～80毫升,然后覆土。隔半个月1次,连续2～3次。

19. 草莓枯萎病如何进行症状识别？发病条件是什么？如何进行防治？

草莓枯萎病在我国普遍发生，是草莓根部的主要病害。

（1）症状识别 主要危害根部，由于根部受害，病株黄矮，重者枯死。多在苗期或开花至收获期发病，发病初期仅心叶变成黄绿色或黄色，有的卷缩或呈波状产生畸形叶，致病株叶片失去光泽，植株生长衰弱，在3片小叶中往往有1～2片畸形或变狭小硬化，且多发生在一侧。老叶呈紫红色萎蔫，后叶片枯黄，最后全株枯死。受害轻的病株有时症状会消失，而被害株的根冠部、叶柄、果梗维管束则都变成褐色至黑褐色，根部变褐后纵剖镜检可见长的菌丝。轻病株结果减少，果实不能正常膨大，品质变劣和减产，匍匐茎明显减少。枯萎病与黄萎病近似，但枯萎病心叶黄化、卷缩或畸形，主要发生在高温期。

（2）发病条件 本病通过病株和病土传播。多在苗期或开花至收获期发病。病菌在病株分苗时进行传播蔓延，病菌从根部自然裂口或伤口侵入，在根茎维管束内进行繁殖、生长发育，并在管中移动、增殖，通过堵塞维管束和分泌毒素，破坏植株正常输导功能而引起萎蔫。一般病菌发育温度为8℃～36℃，15℃～18℃开始发病，最适温度为28℃～32℃。连作或土质黏重、地势低洼、排水不良都会使病害加重。

（3）防治方法 一是对秧苗要进行检疫，建立无病苗圃，从无病田分苗，栽植无病苗。二是栽植草莓田与禾本科作物进行3年以上轮作，最好能与水稻等水田作轮作，效果更好。提倡施用酵素菌沤制的堆肥。三是发现病株及时拔除集中烧毁，病穴用生石灰消毒。重茬田于定植前每100米^{2}用氯化苦3升打眼熏蒸消毒，施药后以塑料薄膜覆盖，7天后种植。四是发病初期用50％多菌灵可湿性粉剂600～700倍液，或40%氟硅唑乳油8 000倍液，或70%代森锰锌可湿性粉剂500倍液喷淋茎基部，隔15天左右1次，共喷5～6次。五是用20%甲基硫菌灵可湿性粉剂300～500倍液浸苗5分钟后再定植，或用药液灌根消毒。

20. 草莓青枯病如何进行症状识别？发病条件是什么？如何进行防治？

草莓青枯病主要发生在我国南方及东部沿海地区，近年来在保护地中有加重发生的趋势。因为此病一旦发生所造成的损失难以挽回。此外，青枯病菌寄主范围广，还可侵害30科100多种植物，其中以茄科植物最易感病。

(1)症状识别 该病主要发生在定植初期。最初，地上部分未见任何异常现象的植株，白天突然失去生机，下部1～2片叶凋萎、脱落，叶柄下垂似烫伤状，烈日下更为严重。阴天和早晚有所恢复，如同健株，然而反复几天后全株枯萎，呈青枯症状，这一过程进展十分迅猛。根部受害，植株的细根首先褐变，不久开始腐烂并消失；切开接近地面部位的病茎，可见根冠中央有明显的维管束褐化腐败现象，并从该部位分泌出白色浑浊污汁；地上部叶柄呈紫红色，基部叶片先凋萎脱落，然后全株枯死。一般生育期间发病甚少，一直到草莓采收末期，青枯现象才再度出现。主要症状是植株迅速萎蔫、枯死，茎叶仍保持绿色。病茎的褐变部位用手挤压，有乳白色菌液排出。

(2)发病条件 病原细菌主要随病残体残留于草莓园或草莓株上越冬，通过雨水和灌溉水传播。主要由作业过程中造成的伤口或是由根结线虫、蓝光丽金龟幼虫等根部害虫造成的伤口侵染植株，在茎的导管部位和根部发病。有时也会由无伤口细根侵入植株发病。该菌具潜伏侵染特性，能在土壤中生活和繁殖形成侵染源，病菌喜高温，发育温度 10℃～40℃，最适温度为 35℃～37℃，最适 pH 6.6，久雨或大雨后转晴发病重。一般高畦发病轻，低畦发病重；土壤连作发病重；微酸性土壤青枯病发生较重，而微碱性土壤发病较轻；生长中后期中耕过深，损伤根系或线虫为害造成伤口时也利于发病。在高温高湿、重茬连作、地洼土黏、田间积水、土壤偏酸、偏施氮肥等情况下，该病容易发生。

(3)防治方法 一是选择抗病草莓品种，定植时使用无病壮苗栽植。重病地 4～5 年轮作，与瓜类、禾本科作物轮作。二是加强栽培管理，施用充分腐熟的有机肥或草木灰，调节土壤 pH；注意氮、磷的合理配合，适当增施氮肥和钾肥，喷洒 10 毫克/升硼酸液做根外追肥，提高抗病力。高畦种植，深沟排水。三是用生石灰进行土壤消毒，不在茄科蔬菜茬栽种草莓。四是药剂防治。定植时用青枯病拮抗菌 MA-7、NOE-104 溶液浸根，或于发病初期开始喷洒（或灌根）72％农用硫酸链霉素可溶性粉剂 4 000 倍液，或 14％络氨铜水剂 350 倍液，或 50％琥胶肥酸铜可湿性粉剂 500 倍液，或 30％碱式硫酸铜悬浮剂 400 倍液等，隔 10 天左右 1 次，连续防治 2～3 次。采收前 3 天停止用药。

21. 草莓芽枯病如何进行症状识别？发病条件是什么？如何进行防治？

草莓芽枯病亦称草莓立枯病，为世界性分布的土壤真菌病害，在土壤中腐生性很强，是多种作物的重要根部病害，除草莓外，还危害棉花、大豆、蔬菜等 160 余种栽培植物和野生植物。

(1)症状识别 在草莓上主要危害蕾、新芽、托叶和叶柄基部，引起苗期立枯，成株期茎叶腐败、根腐和烂果等。植株基部发病在近地面部分初生无光泽褐斑，逐渐凹陷，并长出米黄色至淡褐色蛛巢状菌丝体，有时能把几个叶片缀连在一起；侵害叶柄基部和托叶时，病部干缩直立叶片青枯倒垂。开花前受害，使花序失去生气并逐渐青枯萎倒，急性发病时呈猝倒状。蕾和新芽染病后逐渐萎蔫。呈青枯状或猝倒，后变黑褐色枯死。茎基部和根受害皮层腐烂，地上部干枯容易拔起。从幼果、青果到熟果都可受到侵害。被害果病部表面出现暗褐色不规则形斑块、僵硬，最终全果干腐，故又称草莓干腐病。温度高时可长出菌丝体，已着色的浆果发病，病部变成褐色，其外围常发生较宽的褐色白带，红色部分略转胭脂红色，色彩对比强烈鲜艳，引起湿腐或干腐，但不长灰色霉状物，是与灰霉果腐病区别之处。

(2)发病条件 该病的病原菌是丝核菌，此菌腐生性很强，是多种作物的重要根部病害。通过病苗、病土传播。病菌发育适宜温度为22℃～25℃，几乎在草莓整个生长期都可发病。气温低及遇有连阴雨天气发病，寒流侵袭或温度过高发病重。冬春季棚室等保护地栽培时，密闭时间长，室温高湿度大，发病早而严重。露地草莓栽植过密，枝叶过于繁茂，灌水过多或园田淹水，病害加重。

(3)防治方法

①农业措施 施用腐熟有机肥，不要在病田育苗、采苗，合理密植，合理灌溉；保护地灌溉时尽量增加光照，适时通风。

②药剂防治 草莓现蕾前后为病情发生与控制关键期，发现病情及时用75%百菌清可湿性粉剂600倍液，或5%井冈霉素水剂1 500倍液，或20%甲基立枯磷乳油1 200倍液，或30%噁霉灵可湿性粉剂1 200～1 500倍液，或50%福美双可湿性粉剂800倍液，或40%三乙膦酸铝可湿性粉剂200倍液，或70%乙铝·锰锌可湿性粉剂500倍液，或58%甲霜·锰锌可湿性粉剂500倍液进行喷淋。必要时喷洒70%敌磺钠可湿性粉剂600～800倍液，敌磺钠易光解，要现用现配。连续防治2～3次，并做到喷匀喷足，采收前5天停止用药。

22. 草莓螨类为害如何识别？发生规律是什么？怎样防治？

螨类俗称红蜘蛛，是蛛形纲害虫，常见的害螨多属于真螨目和蜱螨目，害螨广泛分布于各种农林作物上，是当今世界农林作物上的关键性害虫。

(1)为害识别 螨类为害植物的叶、茎、花等，刺吸植物的茎叶，初期叶正面有大量针尖大小失绿的黄褐色小点，后期叶片从下往上大量失绿卷缩脱落，造成大量落叶。有时从植株中部叶片开始发生，叶片逐渐变黄，不早落(苹果叶螨)。部分螨类喜群集叶背主脉附近并吐丝结网于网下为害，有吐丝下垂借风力扩散传播的习性，严重时叶片枯焦脱落，田块如火烧状。卵直径 0.1～0.14 毫米，球形或近球形，有光泽，乳白色至绿色不等，半透明。为害草莓的红蜘蛛有多种，其中以二斑叶螨和朱砂叶螨为害严重。二斑叶螨成螨污白色，体背两侧各有 1 个明显的深褐色斑，幼螨和若螨也为污白色，越冬型成螨体色变为浅橘黄色。朱砂叶螨成螨为深红色或锈红色，体背两侧也各有 1 个黑斑。

(2)发生规律 适温、干旱是螨类猖獗发生的重要因素。螨类的发育繁殖适宜温度为 15℃～30℃，属于高温活动型。温度 12℃左右时螨类虫口开始增长，16℃时成倍增长，20℃以上时盛发，28℃以上时受抑制；空气相对湿度 60%～70%时最重，暴雨对螨类有较大的冲刷消灭作用。螨类世代历期短，在发生盛期，完成 1 个世代需 14～16 天，其中卵期 5～6 天，幼螨 2 天，若螨 5～6 天，成螨产卵前期 1.5 天左右；螨类年发生代数多，雌成螨寿命 5～28 天，世代重叠现象严重螨类多以卵和成螨在叶背越冬。在热带及温室条件下，全年都可发生。温度的高低决定了螨类各虫态的发育周期、繁殖速度和产卵量的多少，螨类发生量大，繁殖周期短，隐蔽，抗性上升快，难以防治。二斑叶螨和朱砂叶螨都以成螨在地面土缝、落叶上越冬。在郑州露地草莓上，2 月底开始见越冬二斑叶螨成螨，在大棚由于温度回升早，很早即可为害草莓。二斑叶螨寄主广泛，繁殖力极强，在 7 月份 7～10 天可发生 1 代，并且抗药性很强。朱砂叶螨相对较易防治。

螨类消长有 4 个关键时期，此时也是重要防治时期，一是初花期，二是花谢后半月期，三是 6 月下旬至 8 月份发生盛期，四是越冬孵化期。目前，大部分生产者忽视了秋冬季螨类的防治，而秋季螨类的防治是全年防治的重点，其防治效果的好坏，直接影响到越冬螨基数的多少，以及草莓苗的质量高低。

(3)防治方法 一是综合防治。要注意减少化学农药用量，防止杀伤叶螨的天敌。有条件的可释放捕食螨、草蛉等天敌，注意选择抗药性天敌。当叶螨在田间普遍发生，天敌不能有效控制时，应选用对天敌杀伤力小的选择性杀螨剂进行普治。二是二斑叶螨仅是局部发生，在草莓引种时应特别注意，最好不从有二斑叶螨的地方引种。三是当发现二斑叶螨时，及时防治，在早春数量少，气温较低，宜选择不受气温影响的卵、螨兼治型持效期较长的杀螨剂，如 20%哒螨灵可湿性粉剂、5%噻螨酮乳油 1 500 倍液，或 20%螨死净可湿性粉剂 2 000 倍液，这种药剂持效期长，但不杀成螨，可使着药的成螨产的卵不孵化。当二斑叶螨数量多时，可使用的药剂有 1.8%阿维菌素乳油 6 000～8 000 倍液，或 15%哒螨灵乳油 3 000 倍液，或 20%三唑锡悬浮剂 1 000 倍液，阿维菌素速效性好，但持效期较短，一般在喷药后 2 周需再喷 1 次。采前半个月停止用药，并注意经常更换农药品种防止产生抗性。

23. 草莓蚜虫为害如何识别？发生规律是什么？怎样防治？

蚜虫又称腻虫或蜜虫等，蚜虫主要分布在北半球温带地区和亚热带地区，热带地区分布很少。目前已知我国分布约 1 100 种。是为害植物的主要害虫。

(1)为害识别 为害草莓的蚜虫主要是棉蚜和桃蚜，另外有草莓胫毛蚜、草莓根蚜等。棉蚜体绿色，无光泽，桃蚜绿色或紫红色。不仅阻碍植物生长，形成虫瘿，传布病毒，而且造成花、叶、芽畸形。以成蚜或若蚜群集于草莓叶背面、嫩茎、生长点和花上，用针状刺吸口器吸食植株的汁液，使细胞受到破坏，生长失去平衡，叶片向背面卷曲皱缩，心叶生长受阻，严重时植株停止生长，甚至全株萎蔫枯死。蚜虫为害时排出大量水分和蜜露，滴落在下部叶片上，引起霉菌病发生，使叶片生理功能受到障碍，减少干物质的积累；还可在叶柄和和嫩芽上为害。蚜虫不但直接为害草莓，而且是传染病毒的主要媒介，传染病毒所造成的损失远大于其自身的为害所造成的损失。

(2)发生规律 棉蚜以卵在花椒、夏至草等植物上越冬，桃蚜以卵在桃树芽腋处越冬，但在大棚中持续为害。蚜虫越冬卵孵化后形成干母，以后卵胎生，即雌蚜虫产下的为小蚜虫，在温度适宜时每周可完成 1 代。蚜虫生活最适温度为 20℃～25℃，空气相对湿度为 80%。温度过高，相对湿度过低，均不利其生长、繁殖，短期内会大量死亡。雨后初晴温湿度相宜，十分有利于蚜虫的发生。因此，抓住雨后初晴进行防治，是最有效的防治时机。

(3)防治方法

①农业防治 尽量避免连作、实行轮作。草莓收获后，一要及时翻耕晒畦、清除田间杂物和杂草，并及时摘除被害叶片深埋，减

少虫源；二要根据有翅蚜的迁飞趋光性，可用涂有胶黏物质或机油的黄色板诱蚜捕杀，也可在空地覆盖银灰色地膜进行避蚜；三要合理施肥，蚜虫喜食碳水化合物，在蔬菜栽培过程中，要多用腐熟的农家肥，尽量少用化肥，尤其不能一次性施肥过多，避免蔬菜叶片深绿、徒长、组织柔嫩，植株体内碳水化合物骤增，蚜虫在短时间内暴发成灾。

②**生物防治** 保护利用天敌，主要天敌有食蚜蝇、异色瓢虫、草青蛉及蚜茧蜂等都能捕食或寄生大量蚜虫。当田间蚜虫不多、而天敌有一定数量时，不要使用农药，以免伤害天敌，破坏生态平衡，反而招致蚜虫为害。

③**药剂防治** 在开花前可用10%吡虫啉可湿性粉剂5 000倍液，或3%啶虫脒乳油2 000倍液，或27.5%油酸烟碱500倍液，花后可用50%抗蚜威可湿性粉剂2 500倍液、2.5%溴氰菊酯乳油3 000倍液喷雾防治。用1∶1∶400的比例配制洗衣粉、尿素、水的溶液喷洒。对桃粉蚜一类本身披有蜡粉的蚜虫，施用任何药剂时，均应加1‰中性肥皂水或洗衣粉。蚜虫具有繁殖快、发生代数多的特点，长期使用一种农药，极易产生抗药性。任何一种治蚜农药品种，一般只能在同一地方连用2次，应轮换使用，这样可避免蚜虫产生抗药性，达到用药少、效益高的目的。

24. 草莓蝽类为害如何识别？发生规律是什么？怎样防治？

蝽类昆虫有臭腺孔，能分泌臭液，在空气中挥发成臭气，所以又有放屁虫、臭板虫、臭大姐等俗名。

(1)为害识别 为害草莓的有多种椿象，常见的有茶翅蝽、绿盲蝽、苜蓿盲蝽。蝽类多以针状口器刺吸草莓叶、叶柄、蕾、花汁液及果实汁液，造成死蕾、死花，果实生长局部受阻引起畸形果或腐烂。茶翅蝽成虫体长 15 毫米，茶褐色或黄褐色，有黑色点刻，前胸背板前缘有 4 个黄褐色小斑点。苜蓿盲蝽成虫体长 7.5 毫米，黄褐色，触角比身体略长，前胸背板后缘有 2 个黑色圆点，小盾片上有“II”形黑纹。绿盲蝽成虫体长 5 毫米，宽 2.2 毫米，绿色，密被短毛。头部三角形，黄绿色，复眼黑色突出，无单眼，触角 4 节，1 节黄绿色，4 节黑褐色；前胸背板深绿色，布有许多小黑点，前缘宽。小盾片三角形微突，黄绿色，中央具一浅纵纹。

(2)发生规律　在杂草中越冬，早春先在背风向阳的地块为害，食性很杂。

(3)防治方法　一是清除虫源，彻底清除草莓园和周围的杂草、枯枝落叶。二是药剂防治。用药的关键时期在早春越冬成虫开始活动时，此时成虫即将产卵，抗药力最弱，而且此时，用药杀灭成虫可显著降低虫口基数，对全年的防治极有利。发现为害后可用 40%毒死蜱乳油 2 000 倍液，或 10%吡虫啉可湿性粉剂 3 000 倍液，或 2.5%溴氰菊酯乳油 2 000 倍液，或 2%甲氰菊酯乳油 2 000 倍液。采收前 7 天停止用药。注意上午 9 时以前或下午 17 时以后用药防治。

25. 草莓线虫为害如何识别？发生规律是什么？怎样防治？

线虫分布广泛，生活方式多样，线虫类已记录的种约有 15 000 种。绝大多数体小呈圆柱形，因此又称为圆虫。绝大多数自由生活的线虫是小型动物，体长一般不超过 2.5 毫米，多数在 1 毫米左右。目前，世界上已知可侵害草莓的线虫有 40 多种，近年来已成为草莓生产特别是保护地生产的一种重要病害，可直接导致减产 30%～70%，同时加重了枯萎病、根腐病等土传病害的发生，目前已成为实现草莓商品性栽培的一大障碍。

(1)为害识别 线虫为害使草莓生命力降低,易受真菌、细菌等病原物的侵染,其中部分线虫还可传播病毒。侵害部位不同,症状表现也不同。大体上可归纳为矮化、变形变色、枯叶、衰弱等几个类型。各种根腐线虫在根部侵染,到一定程度时根系上形成许多大小不等近似瘤状的根结,使根部粗糙、形态不规则,刨开根结或肿大根体,在病体里可见乳白色或淡黄色的虫体为病原线虫。当天气炎热、干旱、缺肥和其他逆境时,症状更明显。危害草莓的主要有芽线虫和根结线虫。芽线虫主要为害嫩芽,芽受害后新叶扭曲,严重时芽和叶柄变成红色,花芽受害时,使花蕾、萼片以及花瓣畸形,坐果率降低,后期危害,苗心腐烂。根结线虫危害后,草莓根系不发达,植株矮小,须根变褐,最后腐烂、脱落。

(2)发生规律 主要通过病土、病苗及灌溉水传播侵染。一般地势高燥、疏松透气、盐分低的土壤最适宜于线虫存活,当地温稳定在12℃～14℃时,线虫即可入侵危害,地温为25℃～30℃,土壤含水量为40%时,病原线虫发育最快,10℃以下时幼虫停止活动。草莓根结线虫大多数分布在5～50厘米深的土层内,其中以5～30厘米深度内的耕作层土壤中,其中以25厘米深处根结线虫数量最多,以重茬地、沙质土、坡地土发生严重。

(3)防治方法 一是杜绝虫源,选择无线虫危害的秧苗,在繁殖苗期发现线虫危害苗及时拔除,并进行防治。灌水可以控制线虫病害。多次少量灌水比深灌更好。二是轮作换茬,草莓种植1～2年后,要改种抗线虫的作物,间隔4～5年以后再种草莓。三是利用太阳能高温处理土壤消灭线虫:利用夏季高温季节,挖沟起垄,沟内灌满水,然后覆盖地膜密闭,使30厘米内的土层温度达到50℃,保持15～20天,在高温厌氧水淹的条件下杀死线虫,可使20厘米以上的线虫总量减少89.9%。四是药剂防治。施药应在温度10℃以上,以地温17℃～21℃的效果最佳。还要考虑土壤湿度,干旱季节施药效果差。防治芽线虫在早春开花前,或草莓采收完毕后，可用1.8%阿维菌素乳油或25%华光霉素可湿性粉剂5 000倍液喷雾防治，间隔7～10天再喷1次。防治根结线虫可在草莓采收完毕后，先顺行开沟，然后施入3%氯唑磷颗粒剂，每667米^{2}施3～5千克，或结合防治蛴螬等地下害虫，可用90%敌百虫晶体800倍液，然后覆土，土壤干旱时可随后适量灌水。果实生长至成熟期不能施药。

26. 草莓粉虱类为害如何识别？发生规律是什么？怎样防治？

粉虱类是一种世界性害虫，我国各地均有发生，是温室、大棚内种植作物的重要害虫。但近年来烟粉虱在南北方各地为害加剧。

(1)为害识别 目前常见的有白粉虱和烟粉虱。白粉虱成虫体长1～1.5毫米，翅面覆盖白蜡粉，停息时双翅合拢呈屋脊状，形如蛾子，翅端半圆状。烟粉虱和白粉虱形态近似，个体略小。烟粉虱寄主范围广，传染病毒能力强。大量的成虫和幼虫密集在叶片背面吸食植物汁液，严重影响叶片的光合作用和呼吸作用，使叶片萎蔫、褪绿、黄化甚至枯死，还分泌大量蜜露，引起煤污病的发生，覆盖、污染了叶片和果实，严重影响光合作用。

(2)发生规律 粉虱每年发生10多代，可在温室以各种虫态越冬，卵以卵柄插入叶片组织中，若虫孵化后可短距离游走，当口器刺入叶肉组织后，开始营固定生活。一般在秋季为害严重。

(3)防治方法

①农业防治 及时清理温室周围附近的残枝败叶及杂草，消灭其滋生和越冬的场所，以减少虫源。对于整枝打下的腋芽、叶片、残枝等要带出棚外，及时深埋处理。温室在通风口处设置尼龙纱网，控制虫源传播和进入。

②**生物防治**　温室草莓上初见粉虱成虫时，释放丽蚜小蜂成蜂3～5头/株，每隔10天左右放1次，共放蜂3～4次，丽蚜小蜂主要产卵在粉虱的幼虫和蛹体内，使之8～9天后变黑死亡。或人工释放中华草蛉，1头草蛉一生平均捕食白粉虱172.6头，可有效控制粉虱发生。

③**物理防治**　在生产上常采用黄板诱杀的方法，根据白粉虱成虫具有强烈趋黄性的特性，可用一黄色的纸板，涂上黏油、凡士林油或其他黏着物，将黄板吊挂在温室内的棚架上，一般每隔15米挂1块，如虫口密度较大可适当增加黄板的数量。成虫飞起时即被粘住，当黄板上粘满虫子后可更换新的黄板，这种方法防治成虫效果最好。

④**化学防治**　在粉虱发生早期和密度较低时喷药，可用25%噻嗪酮可湿性粉剂1 000～1 500倍液，或10%吡虫啉可湿性粉剂1 000～1 500倍液，在喷药时，可取肥皂切成薄片，用热水化开，按1∶60～70的比例加水，冷却后喷施，同时也可加入烟水，能明显提高对粉虱的防治效果。温室中当粉虱发生较重时，可考虑采用烟熏的方法，封闭温室，取25%吡虫啉烟剂，熏杀4个小时左右后通风，连续熏杀2～3次，可彻底消灭温室粉虱。

27. 草莓蛞蝓为害如何识别？发生规律是什么？怎样防治？

蛞蝓又称水蜒蚰，俗称鼻涕虫或黏虫。在草莓暖湿产区和保护地栽培中容易形成为害。

(1)为害识别　成虫深褐色，像没有壳的蜗牛。成虫伸直时体长30～60毫米、宽4～6毫米；长梭形，柔软、光滑而无外壳，体表暗黑色、暗灰色、黄白色或灰红色。为害花蕾、花梗和嫩叶，使花蕾干枯，对产量影响很大。取食草莓叶片成孔洞，或拱食草莓果实，影响商品价值。为害大苗时食成孔洞，或留下上表皮，或沿叶缘蚕食，严重时将幼苗吃光；此外，还能钻食块茎、块根，传播烟草花叶病毒及十字花科黑斑病。

(2)发生规律 以成虫或幼虫在作物根部湿土下越冬。5～7月份在田间大量活动为害，入夏温度升高，活动减弱，秋季气候凉爽后，又活动为害。夜间活动，从傍晚开始出动，夜间10～11时达高峰，清晨之前又陆续潜入土中或隐蔽处。耐饥力强，在食物缺乏或不良条件下能不吃不动。阴暗潮湿的环境易于大发生，当温度为11.5℃～18.5℃、土壤含水量为20%～30%时，对其生长发育最为有利。

(3)防治方法 一是消灭虫源。当上年为害严重时，早春先清除枯叶杂草，然后顺行用50%辛硫磷乳油400倍液浇灌，随即覆薄土防止药剂光解。二是药剂防治。当发现为害时，可及时喷药防治，使用的药剂有50%辛硫磷乳油1200倍液，或40%毒死蜱乳油2000倍液，或6%密达颗粒剂（四聚乙醛）每667米^{2}用500克，或50%杀螺胺乙醇胺粉剂（氯硝柳胺）每667米^{2}用80克。值得注意的是，在蛞蝓严重发生的田块应在施药后10～15天做第二次施药，才能有效地控制其为害。

28. 草莓地下害虫为害如何识别？发生规律是什么？怎样防治？

为害草莓的地下害虫主要有蛴螬、地老虎和蝼蛄。它们分布广泛，是草莓的主要害虫。由于其多生活于地下，往往给防治带来一定的困难。

(1)为害识别

①蛴螬 是各种金龟子幼虫的统称，幼虫弯曲呈“C”形；蛴螬发生普遍，分布广，为害大，食性很杂，幼虫主要为害草莓幼根和嫩

茎,造成死苗。

②地老虎　为夜蛾科一类害虫幼虫的总称,幼虫一般暗灰色,带有条纹和斑纹,身体光滑。主要以幼虫为害草莓近地面茎顶端的嫩心、嫩叶柄、幼叶及幼嫩花序和成熟浆果,被害叶片呈半透明和小孔,三龄以后白天潜伏在表土中,夜间出来为害,常咬断根状茎造成植株死亡,且为害果实。

③蝼蛄　有非洲蝼蛄和华北蝼蛄之分,非洲蝼蛄体长 30～35 毫米,华北蝼蛄体长 36～55 毫米,蝼蛄体灰褐色,前足为开掘式;蝼蛄在表土层穿行,为害作物根系,夜间出来取食果实,食害草莓主要是把幼根和根茎咬断,使植株凋萎死亡。

(2)发生规律　蛴螬和地老虎以幼虫在土壤中越冬。蛴螬羽化成金龟子因种类不同而时间各异。蛴螬在活动最适的地温为 13℃～18℃,高于 23℃逐渐向下转移,到秋季地温下降再向上层转移,所以春秋季蛴螬为害重。地下害虫一般喜欢在土壤有机质含量高,土壤较湿润的地块为害。蝼蛄以成虫或若虫在土壤中越冬,当春天地温升高时开始为害,其深度为冻土层以下和地下水位以上。至 4 月上旬进入表土层窜成许多隧道进行活动和取食为害。5～6 月份是活动为害高峰期,6 月下旬至 8 月上旬为蝼蛄越夏产卵期,到 9 月上旬以后大批若虫和新羽化的成虫从地下 14 厘米的土层,上升到地表活动,形成秋季为害高峰;2 种蝼蛄都有趋光性,对麦麸等有趋性,多在低湿地活动为害。东方蝼蛄喜在潮湿地 5～10 厘米深处做鸭梨形卵室产卵,每雌虫产卵 30～50 粒。华北蝼蛄喜在盐碱地、地埂、畦堰或松软地产卵,每雌虫产卵 120～160 粒,最多可达 500 粒。卵期 10～25 天,若虫共 14 龄。地老虎 1 年发生 2～7 代,一般第一代对草莓为害重。成虫昼伏夜出,对糖醋液和黑光灯有较强趋性,在杂草及作物幼苗叶背根部土块上产卵。小地老虎在我国北方不能越冬,成虫有远距离迁飞习性,北方第一代的发生量与南方虫源迁入量有关。

(3)防治方法　一是利用蝼蛄的趋光性,可在蝼蛄发生期挂黑光灯诱杀蝼蛄,使用腐熟的有机肥。保护利用蟾蜍、青蛙、蜘蛛等天敌来减少地老虎的为害。二是在草莓定植前整地时,先用药剂处理有机肥,撒于田间后再翻耕。使用药剂有50%辛硫磷乳油或40%毒死蜱乳油,每667米^{2}用0.5千克加水300倍喷雾。三是用毒饵诱杀,以90%敌百虫晶体与炒香的麦麸按1∶60的比例配成毒饵,方法是先将敌百虫用水稀释30倍,和炒香的麦麸拌匀,傍晚撒在地面。可防治地老虎和蝼蛄。四是药剂灌根,可先顺行开沟,用50%辛硫磷乳油1500倍液浇灌,然后覆土,每667米^{2}用50%辛硫磷乳油0.5千克。

29.草莓叶蝉为害如何识别?发生规律是什么?怎样防治?

叶蝉几乎为害各类植物,但个别种类有专一宿主。为害农作物叶蝉种类达2000多种,而且还传播植物病毒病。常见的有大青叶蝉、黑尾叶蝉、小绿叶蝉等。

(1)为害识别　多群集为害。其取食行为会以不同方式对植物造成损害,造成汁液损失、叶绿素破坏、传播疾病或使叶卷曲等,产卵时亦刺伤植株;并在取食时注入毒素引起病害(跳虫烧灼病)。

(2)发生规律　很多种是农林业的重要害虫,在温暖地区,冬季可见到各个虫期,而无真正的冬眠过程。越冬卵也产在寄主组织内。成虫蛰伏于植物枝叶丛间、树皮缝隙里,温度升高便活动。成虫和若虫均刺吸植物汁液。叶片被害后出现浅色白点,而后点连成片,直至全叶苍白枯死。也有的造成枯焦斑点和斑块,使叶片提前脱落。成、若虫均善走能跳,成虫且可飞动离迁。若虫取食倾向于原位不动,成虫性活跃,大多具有趋光习性。

(3)防治方法　一是冬季清除苗圃内的落叶、杂草,减少越冬虫源；叶蝉成虫具有趋光性，利用黑光灯诱杀成虫。二是成虫产卵越冬前，在树干上涂白防止成虫产卵。天敌有青蛙类、蜘蛛类、鸟类及寄生蜂等。三是在越冬卵孵化前击、压枝条上的新月形卵伤痕，消灭冬卵。四是虫口密度大时，隔 10～15 天喷洒 1 次 40％乐果乳油 800 倍液或 50％敌敌畏乳油 1 000 倍液。

30. 草莓日灼症的发病症状如何识别？发病原因是什么？怎样防治？

草莓日灼症在中高纬度及高海拔光照好的地区更易发生，主要有心叶日灼症和果实日灼症 2 类。

(1)症状识别 草莓心叶日灼症主要是中心嫩叶在初展或未展之时叶缘急性干枯死亡，干死部分褐色或黑褐色。由于叶缘细胞死亡，而其他部分细胞迅速长大，所以受害叶片多数像翻转的酒杯或汤匙，受害叶片明显变小。草莓果实日灼症主要发生在果实充分裸露在阳光下，病部阳面果实表皮灼伤死亡，浅层果肉干缩表皮发白，稍凹陷。

(2)发病原因 受害株根系发育较差，新叶过于柔嫩，特别是雨后暴晴，叶片蒸腾是一种被动保护反应，但可削弱草莓的生长势，另一种是经常喷洒赤霉素，阻碍根的发育，影响草莓的生长平衡时加重发病。栽培管理不当使草莓植株长势较弱，叶片数稀少，土壤干旱。早晨果实上出现大量露珠，太阳照射后，露珠聚光吸热，导致果实灼伤；炎热的中午或午后土壤水分不足，雨后骤晴都可引起日灼病。

(3)防治方法 栽健壮秧苗，加强草莓生长期的管理，在土层深厚的田块种草莓，以利于根系发育。高温干旱季节之前在根际适当培土保护根系，合理进行水肥供应。慎用赤霉素，特别在干旱高温期要少用赤霉素。连阴雨天后骤晴时，在草莓园上部架设遮荫网,减少阳光直射暴晒。对于过分暴露的果实进行摆果,使之藏于叶片下部。

31. 草莓生理性白化叶的发病症状如何识别?发病原因是什么?怎样防治?

草莓生理性白化叶局部发生,品种间差异大。

(1)症状识别 叶片上出现不规则、大小不等的白色斑纹,白斑部分包括叶脉完全失绿,但细胞依然存活。白斑通常在细胞尚未充分长大时出现,此时叶面出现局部褪绿变白,细胞停止生长,而绿色部分仍正常生长,因此造成叶片扭曲、畸形。发病早的,叶片和株型严重变小,病株系统发病,可由母株经匍匐茎传给子株,子株发病常重于母株,重病子株常极度畸小,不能展叶,光合能力下降或基本丧失,根部生长发育极差,越冬期间极易死亡。秋季发病最重。

(2)发病原因 不完全清楚,某些方面具有病毒感染的特征。

(3)防治方法 发现病株立即拔除,不能作母株繁苗使用,不栽病苗,选用抗病品种。

32. 草莓生理白果的发病症状如何识别?发病原因是什么?怎样防治?

草莓生理性白果病多发生在果实成熟期较冷凉的地区,在保护地的促成和半促成栽培中易发生。

(1)症状识别 浆果成熟期褪绿后不能正常着色,全部或部分果面呈白色或浅黄白色,界限鲜明,白色部分种子周围常有一圈红色。病果味淡、质软,果肉呈杂色、粉红色或白色,很快腐败。

(2)发病原因 低光照和低糖是引起白果病的主要原因,浆果中含糖量低和磷、钾元素不足易导致此病发生。施氮肥过多植株生长过旺的田块,有果多而叶片生育不良的植株,以及果实中可溶性固形物含量低的品种,如一些美国品种等容易发生白果病。如结果期天气温暖而着色期冷凉多阴雨,则发病加重。

(3)防治方法 一是多施有机肥,平衡施用肥料,合理供应氮肥。二是选用适合当地生长的品种和含糖量较高的品种。三是采用保护地栽培,适当调控温湿度。

33. 草莓生理性叶烧的发病症状如何识别?发病原因是什么?怎样防治?

草莓生理性叶烧多在局部地区发生。

(1)症状识别 在叶缘发生茶褐色干枯,一般在成龄叶片上出现,轻时仅在叶缘锯齿状部位发生,重时可使叶片的大半枯死。枯死斑色泽均匀,表面干净,无"V"形褐斑病、褐色轮斑病、叶枯病、褐角斑病、叶斑病等侵染性病害所特有的症状。一般雨后或灌水后旱情缓解,病情也随之缓解和停止发展。

(2)发病原因 春夏干旱高温,叶片失水过多,叶缘缺水枯死,施肥过量,土壤溶液浓度过高,根系吸水困难导致植物体严重缺水也会发生这种叶烧病状。天旱高温时病情加重。

(3)防治方法 一是根据天气干旱情况和土壤水分含量情况适时补充土壤水分。二是不过量猛施肥料,施肥后要及时灌水。

34. 草莓发生冻害的症状如何识别?影响冻害发生程度的因素是什么?怎样防治?

冻害是农业气象灾害的一种。即在0℃以下的低温使作物体内结冰,对作物造成的伤害。冻害在中、高纬度地区发生较多。分为草莓生长时期的霜(白霜和黑霜)冻害和草莓休眠时期的寒冻害2种。霜冻害指春季草莓返青后萌发新叶或现蕾开花后遇到特别推迟的晚霜或秋季早霜危害。

(1)症状识别 一般在秋冬和初春期间温度骤降时发生,有的叶片部分冻死干枯,有的花蕊和柱头受冻后柱头向上隆起干缩,花蕊变黑褐死亡,幼果停止发育干枯僵死。

(2)影响因素 冻害的造成与降温速度、低温的强度和持续时间,低温出现前后和期间的天气状况、气温日较差等及各种气象要素之间的配合有关。在植株组织处于旺盛分裂增殖时期,即使气温短时期下降,也会受害;相反,休眠时期的草莓则抗冻性强。各发育期的抗冻能力一般依下列顺序递减:花蕾露白期→开花期→坐果期。草莓越冬时,绿色叶片在－8℃以下的低温中可大量冻死,影响花芽的形成、发育和翌年的开花结果。在花蕾和开花期出现－2℃以下的低温,雌蕊和柱头即发生冻害。而早春回温过快,促使植株萌动生长和抽蕾开花,这时如果有寒流来临冷空气突然袭击骤然降温。即使气温不低于0℃,由于温差过大,花器抗寒力极弱,突然降温不仅使花朵不能正常发育,往往还会使花蕊受冻变黑死亡。花瓣常出现紫红色,严重时叶片会受冻呈片状干卷枯死。

(3)防治方法 一是选用适宜品种,适时定植。二是晚秋可采用矮壮素(CCC)控制植株徒长,冬前灌防冻水,提高植株抗寒力。越冬及时覆盖防寒。三是早春不要过早去除覆盖物,在初花期,于寒流来临之前要及时加盖地膜防寒或熏烟防晚霜危害。

35. 草莓在贮运过程中产生的生理性障碍主要有哪些?应如何防治?

(1)生理性障碍种类 在贮运过程中对草莓产生不良影响的主要是温度、湿度和气体,它们决定了草莓贮藏质量,主要有下面几种生理性障碍。

①温度过高　草莓鲜果贮藏温度偏高，往往会使果实出现过熟衰老现象，这种现象多发生在简易气调贮藏中。

②湿度失调　为了保持草莓的新鲜度，通常要求85%～95%高湿条件。湿度过低，将引起生理病害，如果实失水过多，可使果皮皱缩。

③气体伤害　主要指二氧化碳和二氧化硫引起的生理性障碍。

气调贮藏中二氧化碳浓度过高，可强烈抑制一些酶的活性，干扰有机酸代谢，引起有机酸特别是毒性很强的琥珀酸的积累。高二氧化碳还可导致呼吸异常，产生大量乙醛和乙醇。高浓度的琥珀酸、乙醛和乙醇使组织受毒害而致病，严重者造成整批果蔬腐烂变质。二氧化碳中毒常见的病状有：草莓果实表皮褐烫状褐变，果心褐变和果肉褐变，果皮凹陷。另外，气调贮藏中低氧伤害和高二氧化碳毒害往往是相伴发生的，不易区分二者的病状，贮藏中一般高二氧化碳毒害比低氧伤害发生得更为普遍和严重。

用二氧化硫熏蒸消毒库房时浓度过高或消毒后通风不彻底，易导致入贮果实中毒现象，如果面会出现漂白或变褐，形成水渍斑点，微微起皱。严重时以气孔为中心形成坏死小斑点，密密麻麻布满果面，皮下果肉坏死，深约0.5厘米。

(2)防治方法　根据草莓的生理特性和草莓的贮藏内容，制定详细的操作规程，严格按操作规程执行。定期检查贮藏中的果实，发现症状及时采取相应的措施。

36. 草莓生产中的草害如何防治？

防御杂草危害一直是草莓生产中的一个重要问题。由于草莓园施肥量大，灌水频繁，杂草发生量大，不仅与草莓争夺水分和养分，而且还影响通风透光，恶化草莓园的小气候，使病虫害发生严重。草害可使产量损失15%左右。杂草大体上可以分为2年生杂草、1年生杂草和越冬性的1年生杂草3类。

草莓植株低矮,栽植密度大,除草困难,畦内除草有时只能用手锄或人工拔草。目前,草莓园仍旧依赖人工除草,不仅工效低,而且劳动强度大。北方草莓园全年除草用工每667米^{2}高达30人以上,南方更多。由于各地条件不同,除草要因地制宜,选择省工、省力、成本低、效果好的除草方法,采取综合防治措施。

(1)耕翻土壤 在新栽草莓之前,进行土壤深耕翻地,可以有效地控制杂草。耕翻后1～2周内不下雨,就可以利用太阳将露在外面的杂草晒死,使翻入土中的不见光杂草烂掉。

(2)轮作换茬 这是防治杂草的有效措施,可以改变杂草群落,控制难以防治的杂草。从防治虫害等方面考虑,草莓也需轮作换茬。这一措施的应用对整个草莓生产的各个环节都有利。

(3)覆盖压草 栽植草莓地面用黑色地膜覆盖,可保持土壤无杂草,在高温多湿地区更适宜。灌水时可掀起地膜的一面,或在垄沟灌水,通过旁渗湿润土壤。透明薄膜覆盖只要四周盖严实,也有一定的抑草效果,但透明薄膜易导致草莓植株早衰。

(4)人工除草 在草莓生产中,经常进行人工除草必不可少,以保持草莓园的清洁。除草与中耕松土保墒同时进行。草莓生长周期中,除草有3个比较关键的时期。一是栽植后至越冬前。二是翌年春季,草莓萌芽后到开花结果前,以保墒和提高地温为目的进行中耕松土,施肥灌水后还要进行浅耕锄地。三是果实采收后,这时气温较高,降雨较多,草莓和杂草都进入旺盛生长期,也是控制杂草的关键时期。

(5)化学除草 化学除草就是利用除草剂防治杂草。化学除草具有高效、迅速、成本低、省工等特点。在日本等国化学除草已经成为草莓栽培中的一项常规性技术措施,化学除草在草莓园使用一定要谨慎,许多除草剂都会对草莓产生危害。

37. 草莓园使用的化学除草剂有哪些？如何使用？

一般使用精喹禾灵、氟吡甲禾灵、氟乐灵、乙草胺、丁草胺等除草剂，通过试验对草莓植株不产生药害，在正常浓度范围内有抑制杂草的效果，但在不同的气候条件下、不同的土壤内使用时效果有一定差异。

在移栽前后用48%氟乐灵乳油处理土壤可有效防治草莓田多种杂草危害，效果好。氟乐灵乳油为土壤处理型除草剂，对防治正在萌发的许多1年生禾本科和阔叶杂草的种子效果很好，如马齿苋、西风古、猪毛菜、藜、地肤、蓼属植物等。草莓定植成活后进行地面喷施，每667米^{2}用药100～200毫升，浓度为500～1 000倍液，有效期为10～12周。也可在草莓生长季节行间喷施。施药后应立即混土，以防光解。或在秋季定植后每667米^{2}喷48%氟乐灵乳油125毫升，施后于越冬防寒前再覆盖透明地膜，翌年春把地膜撕一小孔，让草莓长出。这样，在草莓采收前可以保持基本无杂草。

在草莓果实采收后杂草大量发生，可视杂草种类使用不同的除草剂防治。若禾本科草占优势，每667米^{2}可喷施12.5%氟吡甲禾灵乳油130克，或35%吡氟禾草灵乳油38克，或15%精吡氟禾草灵乳油45毫升，或10.8%高效氟吡甲禾灵乳油30毫升，或5%精喹禾灵乳油50毫升等，对禾本科草杀死效果可达96%以上；若阔叶草占优势，每667米^{2}可喷施24%三氟羧草醚乳油100～150毫升，有较好的防治效果，对马唐也有一定效果，但稗草、狗尾草等禾本科草反应不敏感。在气温低、土壤墒情差时施药，除草效果不好；在气温高、土壤墒情好、杂草生长旺盛时施药，除草效果好。若禾本科草与阔叶草混生，且发生量较大，三氟羧草醚可配合使用氟吡甲禾灵、吡氟禾草灵等除草剂，最好错开单独喷施，根据草情喷1～2次。草莓地防除阔叶杂草须慎重，要针对草莓的生长发育时期，选用不同除草剂，并调整除草剂用量。24%乳氟禾草灵乳油每667米^2 20毫升对水30升均匀喷雾，能有效防除马齿苋、反枝苋、灰绿藜等阔叶杂草。当禾本科杂草与阔叶杂草混生时，乳氟禾草灵和精吡氟禾草灵乳油要错开施用，二者避免混桶，否则会产生药害。草莓地化学除草剂的种类与使用方法见表9-3。

表9-3 草莓地化学除草剂的种类与使用方法

药　名	喷药时间	用药剂量	防除杂草对象	备　注
吡氟禾草灵	苗床喷雾	每667米^2 35%乳油60毫升	稗草、马唐、牛筋草、狗牙根、芦苇、野燕麦、看麦娘、双穗雀稗等	杂草长出2～3片叶时喷雾
氟吡甲禾灵	苗床喷雾	每667米^2 12.5%乳油4～6毫升	稗草、马唐、牛筋草、狗牙根、芦苇、野燕麦、看麦娘、双穗雀稗等	杂草长出2～3片叶时喷雾
甲草胺	苗床喷雾	每667米^2 48%乳油200～250毫升	稗草、马唐、牛筋草、狗牙根、芦苇、野燕麦、看麦娘、双穗雀稗等	在杂草萌芽前或刚萌芽时定向喷雾，喷后中耕，使药土混合
烯禾啶	喷　雾	每667米^2 20%乳油7.5毫升	稗草、马唐、牛筋草、车前、狗尾草、画眉草等	当稗草等杂草长出3～5片叶时，喷雾于茎叶上
氟乐灵	移苗缓苗后喷雾	每667米^2 40%乳油100～200克	稗草、马唐、牛筋草、车前、狗尾草、画眉草等	喷后要及时中耕拌和

续表 9-3

药 名	喷药时间	用药剂量	防除杂草对象	备 注
精噁唑禾草灵	苗床喷雾	每 667 米^2 6.9%浓乳油 50 毫升	看麦娘、稗草	杂草生长至 3～5 叶期喷药
除草醚	苗床喷雾	每 667 米^2 20%微粒剂 46.7 克	多种 1 年生双子叶杂草	土壤湿润时喷雾

十、草莓采收及采后处理

1. 草莓商品性栽培中果实分级标准如何确定?

(1)产品规格 草莓分大果型品种和中小型果品种,不同类型品种的鲜食标准不一样,特别是果实大小、酸度、色素及糖酸含量不一样。参照中华人民共和国农业行业标准 NY/T 444—2001《草莓》,将生产上主要栽培品种按果重分为以下 2 类。

①中小果型品种 指一级序果平均单果重小于 25 克的品种,如红手套、特里拉、三星、丰香、宝交早生、鬼怒甘、明宝、星都一号等。

②大果型品种 指一级序果平均单果重大于或等于 25 克的品种,如达赛莱克特、吐德拉、弗杰尼亚、安娜、埃尔桑塔、硕丰等。

(2)感官标准 草莓的感官品质指标应符合表 10-1 规定。

表 10-1 草莓的感官品质指标

项目＼等级		特级	一级	二级	三级
外观品质基本要求		果实新鲜洁净,无异味。有本品种特有的香气,无不正常外来水分,带新鲜萼片,具有适于市场或贮藏要求的成熟度			
果形及色泽		果实应具有本品种特有的形态特征、颜色特征及光泽,且同一品种、同一等级不同果实之间形状、色泽均匀一致。各主栽品种的具体规定见附录 A(标准的附录)			
果实着色度		≥70%			
单果重(克)	中小果型品种	≥20	≥15	≥10	≥6
	大果型品种	≥30	≥25	≥20	≥15

续表 10-1

项目 \ 等级	特级	一级	二级	三级
碰压伤	无明显碰压伤，无汁液浸出			
畸形果实(%)	≤1	≤1	≤3	≤5

注：摘自中华人民共和国农业行业标准 NY/T 444—2001《草莓》

(3)理化标准 草莓的内在品质理化指标应符合表 10-2 的规定。

表 10-2 草莓内在品质理化指标

项目	允许值	品种
可溶性固形物(%)	≥9	丰香、硕丰、明宝、幸香、枥乙女
	≥8	星都一号、星都二号、达赛莱克特、宝交早生、哈尼、鬼怒甘、三星
	≥7	全明星、戈雷拉、弗杰尼亚、玛丽亚、安娜、埃尔桑塔、红手套
	≥6	吐德拉
总酸量(%)	1.3～1.6	星都一号、星都二号、玛丽亚、鬼怒甘
	1.0～1.3	硕丰、达赛莱克特、埃尔桑塔、全明星、哈尼、三星
	0.7～1.0	戈雷拉、弗杰尼亚、丰香、宝交早生、明宝、安娜、吐德拉、红手套
果实硬度(千克/厘米^2)	≥0.6	埃尔桑塔、全明星、安娜、哈尼、玛丽亚、鬼怒甘、弗杰尼亚、吐德拉、硕丰
	≥0.4	星都一号、宝交早生、达赛莱克特、戈雷拉、红手套、三星、星都二号
	≥0.2	丰香、明宝

注：摘自中华人民共和国农业行业标准 NY/T 444—2001《草莓》

2. 草莓商品性栽培中果实成熟度如何判定？如何进行草莓果实采收？

草莓成熟期因不同品种、不同栽培方式、不同栽培季节而各不相同，即使是同一株草莓所结果实，也因为花序不同、果序不同而有先熟后熟之分，因此草莓浆果必须分批分期按其成熟度采收、处理、贮运。草莓是质地较软的浆果，应当随熟随收。生产者必须根据浆果的成熟度确定采收时期。

(1)成熟的判断与采收时期 草莓开花至成熟的天数，随着温度的高低而不同。草莓成熟过程中，果面由最初的绿色逐渐变成白色，最后成为红色至深红色，并具有光泽，种子也由绿色变为黄色或白色。果实色泽的变化最先是受光面着色，随后背光面才着色。有的品种果实顶部先着色，随后果梗部着色(如童子1号和全明星)，还有的品种直至完全成熟时，果梗部仍为白色(如丰香)。随着果实成熟，浆果也由硬变软，并散发出诱人的草莓香气，表明果实已完全成熟。

草莓从开花至果实成熟需要一定的天数，露地栽培条件下，果实发育天数一般为30天左右，早、中、晚熟品种有差异，最短的18天，最长的41天。四季草莓在长日照、高温下果实发育天数为20～25天，秋季约60天。确定草莓适宜采收的成熟度要依品种、用途和距销售市场的远近等条件综合考虑。一般以果实表面着色达到70%以上时开始采收，作鲜食的以八成熟采收为宜，但全明星、哈尼和童子1号等硬肉型品种，以果实接近全红时采收为宜，供加工果酱、饮料的，要求果实糖分和香味可适当晚采。远距离销售时，以七八成熟时采收为宜。就近销售的在全熟时采收，但不宜过熟。

(2)采收方法 由于草莓同一个果穗中各级序果成熟期不同，

必须分期采收，刚采收时，每隔 1～2 天采 1 次，采果盛期，每天采收 1 次。具体采收时间最好在早晨露水干后上午 11 时之前或傍晚天气转凉时进行，因为这段时间气温较低，果实温度也相对较低，有利于存放。中午前后气温较高，果实的硬度较小，果梗变软，不但采摘费工，而且易碰破果皮，果实不易保存，易腐烂变质。

草莓果不耐碰压，故采收用的容器一定要浅，底要平，内壁光滑，内垫海绵或其他软的衬垫物，如塑料盘、搪瓷盘等，如果容器较深，采收时不能装得太满；若容器底不平，可先垫上些旧报纸或旧布。采收时必须轻摘轻放，切勿用手握住果使劲拉，采收时用大拇指和食指指甲把果柄掐断，将果实按大小分级摆放于容器内，采下的浆果应带有部分果柄，不要损伤萼片，以延长浆果存放时间。

3. 如何进行草莓果实采后的分级、包装与运输?

为便于采后分级和避免过多倒箱，采收时可进行人为定级，前面的人采收大果，中间的人采中型果，后面的人采小果或等外果。也可每人带 2～3 个容器，把不同级别的果实分开。目前，我国还没有统一的分级标准，河北省满城县草莓生产基地，按每个小包装盒所装果实个数而定：塑料包装盒的规格为 120 毫米×75 毫米×25 毫米，可装果约 150 克，每盒装 6～8 个的(单果重 18～25 克)为一级；每盒装 10～12 个的(单果重 12～15 克)为二级；每盒装果 13 个以上的为三级。北京市顺义区的草莓包装较为先进，外包装为纸箱，内装 6 小盒，每小盒装果 15 个，重约 250 克，小盒质地为聚丙烯，上覆保鲜膜。采用保鲜膜包装与塑料小盒装相比，草莓货架期可延长 5～7 天。我国农业部颁布的草莓行业标准(NY/T 444—2001《草莓》)，依草莓外观品质、色泽、单果重等进行了分级。作为加工原料的草莓果实，一般用塑料果箱装运，果箱规格为 700 毫米×400 毫米×100 毫米，每箱装果量不超过 10 千克，一般装果 4～5 层，并要求在浆果以上留 3 厘米空间，以免各箱叠起来装运时压伤果实。

我国鲜草莓的运输途径主要有空运、铁路和公路运输。采用空运，一般当天可运到全国各地。铁路运输主要是零担，汽车运输要用冷藏车或带篷卡车，途中要防日晒，行驶速度要慢，在沙石路或土路上，应尽量降低速度，减少颠簸。用带篷卡车运输，以清晨或夜间气温较低时运行为宜。

4. 草莓贮藏的方法有哪些？各方法如何具体操作？

草莓是难贮存的水果，最好随采随销，临时运输有困难的，可将包装好的草莓放入通风凉爽的库房内暂时贮藏，包装箱要摆放在货架上，不要就地堆放。由于草莓极不耐贮存，即使存放 3～5 天，果实的失水、腐烂现象也很严重。草莓采后腐烂的主要原因是灰霉病所致。灰霉病的病原菌多数是由田间带来的。采收的果实感染病菌后，即使在 5℃条件下，7 天之内就可见到腐烂的病斑，为了使果实采收后贮存和运输中保持其新鲜度和品质，仍需采取适宜的保鲜方法。

(1)低温保存　研究表明，贮运草莓的最适温度为 0℃～0.5℃，允许最高温度为 4.4℃，但持续时间不能超过 48 小时，同时空气相对湿度应保持在 80%～90%。草莓采收后，要快速而均匀地预冷，然后低温贮藏。库温保持 0℃～2℃恒温，可存放 7～10 天，但冷藏时间不能过长，否则风味品质会逐渐下降。如果冷库温度在 12℃左右，可贮藏 3 天，在 8℃以下能贮放 4 天。

(2)气调贮存　气调贮存是在草莓贮存过程中，人为调节空气的组成，以达到贮存保鲜的目的。目前多采用塑料薄膜帐贮存，即利用厚 0.2 毫米的聚乙烯膜做帐，形成一个相对密闭的贮存环境，加上硅窗控制，草莓气调的适宜气体成分是：氧气 3%、二氧化碳 3%～6%、氮气 91%～94%，贮藏时间为 10～15 天。如将气调与低温冷藏相结合，贮存期会更长。二氧化碳浓度要适当控制，如果高至10%时，果实软化，风味差，并带有酒味。美国加利福尼亚州用光钝感型草莓品种芳香、钻石和赛娃进行在高二氧化碳条件下贮藏试验，结果表明，提高二氧化碳浓度贮存的草莓果香味有增加趋势，高二氧化碳气体有刺激草莓果发酵的作用，乙醇浓度升高有利于乙酸乙酯的合成，提高了草莓芳香物质的总量。据国内试验，宝交早生草莓密闭在真空干燥器内，冲入钢瓶二氧化碳，浓度为10%，在0℃下贮藏20天的好果率和商品率均达到94%，这为草莓运输和短期贮藏开辟了新的途径。

(3)辐射贮藏 辐射贮藏是利用同位素钴^{60}放出的γ射线辐射草莓浆果，杀伤果实表面所有的微生物，以减少各种病害的感染，达到贮藏保鲜的目的。用20万拉德剂量照射草莓可显著降低果实的霉菌的数量，约减少90%，同时还消灭了其他革兰氏阴性杆菌。

(4)热处理贮藏 草莓热处理是防止果实采后腐烂的一种有效、安全、简单、经济的方法。在空气湿度较高的情况下，草莓果实在44℃下处理40～60分钟，可以使草莓腐烂率减少50%。处理40分钟，浆果的风味、香味、质地和外观品质不受影响。

(5)保鲜剂 在远途运输的情况下，可用0.1%～0.5%植酸、0.05%山梨酸、0.1%过氧乙酸混合液处理草莓果实，常温下能保鲜7天。

(6)离子电渗贮藏法 将草莓放入电渗槽的电渗液(1%氯化钙+0.2%亚硫酸钠)中，用110伏电压、50毫安电流进行电渗处理1.5小时捞出，用水冲洗，沥干后装入聚乙烯膜袋中封口，在4℃低温贮藏，空气相对湿度为92%～95%。电渗后使果实中钙浓度增加，可稳定生物膜的结构，降低通透性，防止组织崩解。亚硫酸钠分解产生二氧化硫，不仅有防腐作用，还可抑制果实中多酚氧化酶的活性，抑制果实褐变。经离子电渗法处理的草莓，贮藏30天的腐果率低于5%，浆果品质也保持较好。

(7)脱乙酰甲壳素涂膜 脱乙酰甲壳素是一种高分子量的阳离子多糖,能形成半渗透性膜,而且无毒、安全。用1%脱乙酰甲壳素在草莓果上涂一层膜,在13℃条件下能明显减少草莓的腐烂,21天后,腐烂率约为对照的1/5,效果好于杀菌剂,且无伤害,还可保持浆果较好的硬度。

(8)负离子保鲜法 负离子和臭氧是气态保鲜水果的又一新方法。利用高压负静电子场产生大量负氧离子和臭氧。负氧离子可以抑制水果代谢过程中酶的活力,降低水果内部具有催熟作用的乙烯的生成量。同时,臭氧还可以灭菌和抑制并延长有机物的分解,从而延缓水果的熟化期。采用这种方法保存水果,75天以后仍新鲜如初,保好率达99%以上。

(9)低压保鲜贮存法 这种方法是采用真空泵将贮藏室或仓库里的大部分空气抽掉,控制在750千帕以下(最好在75～150千帕)的低压环境里,用增湿器调节空气相对湿度在90%左右。由于在这种低压环境中,水果的催化过程维持在最低水平上,因而有利于水果的长期保鲜贮藏,一般贮藏200天的损失率只有3%～5%,是目前国际上大批量贮藏和运输水果时采用的方法。

5. 草莓果实速冻保鲜的原理是什么?对果实有什么要求?

(1)速冻保鲜的原理 速冻保鲜时草莓果实中的绝大部分水分形成冰晶,由于冻结快速,形成冰晶的速度大于水蒸气扩散的速度,浆果细胞内的水分来不及扩散便形成小冰晶,在细胞内和细胞间隙中均匀分布,使细胞免受机械损伤导致变形或破坏,从而能保证细胞的完整无损。

草莓汁液形成冰晶后,由于缺乏生存用水,沾染在浆果上的细菌、霉菌等微生物生命活动受到严重地抑制,生长和繁殖被迫停止。低温抑制了浆果内部酶系统的活动,使不能或很难起催化作用。所以,速冻可以起长时间保鲜防腐作用。

(2)速冻对果实的要求

①品种　草莓不同的品种有对速冻的适应性差别,速冻保鲜必须选择适于速冻的草莓品种作为原料。一般要求用果实品质优良,匀称整齐,果肉红色,硬度大,有香味和酸度,果萼易脱落的品种。一般可将草莓品种对速冻的耐性分为优、中、劣3等。就目前草莓生产中的品种而论,森加森加拉、哈尼、美国6号、宝交早生、春香、达娜、全明星等适于速冻;红衣、红岗特利得、戈雷拉、梯旦等次之;圆球、四季、维斯塔尔等果实肉质特别疏松,品质差,不宜速冻。

②成熟度　用于速冻的草莓成熟度必须一致。果实的成熟度为八成熟时比较适合速冻,即果面80%着色,香味充分显示出来,速冻后色、香、味保持良好,无异味。而成熟度较差的果实速冻后淡而无味,而且产生一种异味。过熟的果实,由于硬度低,在处理过程中损失较大,冻后风味淡,色深,果形不完整。

③新鲜度　速冻草莓必须保持原料新鲜,采摘当天即应进行处理,以免腐烂,增加损失,影响质量。如果当天处理不完,应放在0℃～5℃的冷库内暂时保存,第二天尽快处理,确保原料的新鲜度。远距离运输时,需用冷藏车,以防原料变质。

④果实大小　速冻要选用均匀一致的整齐果,单果重为7～12克,果实横径不小于2厘米,过大过小均不合适。因此,大果型品种,一般选用二级序果及三级序果进行速冻,最先成熟的一级序果往往较大,可用于供应鲜食市场。

⑤果实外观　选用果实完整无损,大小均匀,果形端正,无任何损伤的果实。对病虫果、青头果、死头果、霉烂果、软烂果、畸形果、未熟果等均应拣出,以确保原料的质量。

6. 草莓果实如何进行速冻保鲜？在其运输、销售和解冻时如何进行？

速冻就是利用－25℃以下的低温，使草莓在极短的时间内迅速冻结，从而达到保鲜的目的。草莓速冻后可以保持果实的形状、新鲜度、自然色泽、风味和营养成分，而且工艺简单，清洁卫生。既能长期贮藏，又可远运外销，因此，速冻草莓是一种较好的保鲜方法。在美国加利福尼亚州，大约有50％的草莓用于速冻。近年来，我国的速冻草莓已出口到日本及东南亚一些国家，也在国内销售，草莓的速冻已日益引起重视。

速冻草莓生产的工艺流程为：

验收→洗果→消毒→淋洗→除萼→选剔→水洗→控水→称重→加糖→摆盘→速冻→装袋→密封→装箱→冻藏。具体操作要点如下。

(1)验收 按速冻草莓原料的要求进行检查验收。重点检查品种是否纯正，果实大小是否符合标准，果实成熟度是否符合要求。

(2)洗果 把浆果放在有出水口的水池中，用流动水洗果，并用圆角棒轻轻搅动，木棒不要伸到池底，以免将下沉的泥沙、杂物搅起。洗去杂质，使原料洁净。

(3)消毒 用0.05％高锰酸钾水溶液浸洗4～5分钟，然后用水淋洗。

(4)除萼 人工将萼柄、萼片摘除干净。对除萼时易带出果肉的品种，可用薄刀片切除花萼。

(5)选剔 将不符合标准的果实及清洗中损伤的果实进一步剔除，并除去残留萼片萼柄。

(6)控水 最后一次清洗后，将浆果滤控10分钟左右，控去浆果外多余的水分,以免速冻后表面带水发生粘连。要求冻品呈粒状时,控水时间宜长;要求冻品呈块状时,控水时间宜短。

(7)称重 作为出口用的速冻草莓,要求冻后呈块状,每块5千克。在38厘米×30厘米×8厘米的金属盘中,装5千克草莓。为防止解冻时缺重,可加2%～3%的水。这样实际每盘草莓的重量为5.1～5.15千克。

(8)加糖 按草莓重的20%～25%加入白糖。甜味重的品种可加20%的糖,酸味重的品种可加25%的糖。加糖后搅拌均匀。作加工原料的冻品一般不加糖。

(9)摆盘 要求冻品呈块状时,盘内的草莓一定要摆放平整,紧实。要求冻品呈粒状时摆放不必紧实,稍留空隙,以防止成块,不易分散。

(10)速冻 摆好盘后立即进行速冻,温度保持在－25℃～－30℃,直到果心温度达－15℃时为止。为了保证快速冻结,保证冻品的质量,盘不宜重叠放置。如果盘不重叠,经4～6小时果心即可冻结并达到所需低温。

(11)包装 将速冻后草莓连盘拿到冷却间,冷却间温度为0℃～5℃,将呈块状的速冻草莓整块从盘中倒出,装入备好的塑料袋中,用封口机密封后,放入硬纸箱中。在冷却间包装操作必须随取盘随包装,操作熟练迅速。

(12)冷藏 在冷却间装箱后立即送入温度为－18℃、空气相对湿度为100%的冷室中存放,贮藏可达18个月,随时鲜销。

(13)速冻草莓的运输和销售 速冻草莓既可生食,又可作加工原料。用作冷饮生食的,运输时必须用冷藏车、冷藏船,销售时须用冷藏柜,以防冻品在出售前融化。目前,我国冷饮行业发展迅速,冷藏设备也随之发展,各大中型超市都有冷藏设施,均有利于速冻草莓的销售。

(14)解冻 速冻草莓,如未解冻,吃起来肉硬如石,只有冰冷的感觉,品尝不出香甜味道,故在食用前必须解冻。解冻的时间和程度要适宜。吃起来感觉凉爽柔软,香甜可口。解冻的方法是将冻品放入容器中,将容器放入温水中,解冻后立即食用。过早解冻会使浆果流汁软塌,食用时淡而无味,甚至造成腐烂变质。解冻后不能重新冷冻,或长久放置。

7. 如何加工草莓酱?

在草莓的深加工中,草莓酱有较大的比重,特别在欧洲和日本的草莓酱消费已经成为比例固定的消费习惯。虽然我国的速冻草莓出口占有较大的比重,但对方也是多用来作为加工草莓酱的原料。

(1)原料选择 应选用含果胶及果酸量高,香味浓,果个较大,容易除萼的加工品种。成熟度八九成为好,新鲜,风味正常,果面呈红色或浅红色。剔除果面呈深褐色、有酒味或其他异味、腐烂的果实。也可先速冻处理后待用。用清水浸泡、冲洗,以洗去果实表面的泥沙等污物。也可用少量漂白粉溶液浸泡、清洗。拣去杂物和不合格的果实,去除草莓的果蒂、果梗。

高糖草莓酱一般用草莓 100 千克、砂糖 120 千克、柠檬酸 300 克、山梨酸 75 克。低糖草莓酱用草莓 100 千克、砂糖 70 千克、柠檬酸 800 克、山梨酸适量。柠檬酸的用量还可根据草莓的含酸量进行适当的调整。砂糖使用前配成 75%的糖液。柠檬酸和山梨酸在使用前用少量水溶解。

(2)软化浓缩 将配好的 75%糖液一半装入夹层锅中,煮沸后加入草莓,继续加热,使草莓充分软化,注意经常搅拌。向夹层锅中加入其余的糖液以及柠檬酸溶液和山梨酸溶液。继续加热,直至可溶性固形物含量达 66.5%～67%时,即可停气出锅。注意不断搅拌,山梨酸在临近浓缩结束时加入为好。搅拌时要顺同一个方向进行,尽量少伤果实。

(3)装罐杀菌 应尽快进行，要求每锅酱在20分钟内装完。一般将果酱装入已消毒过的454克玻璃罐中。趁热旋紧罐盖，此时酱温约为70℃。在沸水中将果酱罐煮10分钟。分段冷却，以防玻璃罐爆碎。

(4)质量检验 成品草莓酱应呈紫红色或褐红色，有光泽，颜色均匀一致，有本品应具有的风味，而无焦煳等异味。酸甜适口，酱体呈浓稠状并保持部分果块。没有糖的结晶存在，无果梗及萼片等杂物存在。总糖含量不低于57%(以转化糖计)，可溶性固形物不低于65%(按折光计)。无致病菌或因微生物作用而引起的腐败现象。

8.如何加工草莓汁?

一般草莓汁呈紫红色，色泽均匀，有光泽，酸甜适口，具有新鲜草莓的风味，澄清透明，不允许有悬浮物存在。含糖量为11%～12%，含酸量为0.79%。

(1)原料选择 选用色泽深红，含酸量较大，成熟度稍高，香味浓郁，出汁率高的草莓为原料，拣出带病虫害、腐烂的草莓。用清水冲洗3～5分钟，也可用600毫克/升漂白粉溶液浸泡1～2分钟，再用清水冲洗。为提高出汁率，提高酶处理的效果，最好用温水冲洗。由于水直接影响果汁的外观和风味，一般要求水的硬度小于8度(1度=1升水中含有10毫克氧化钙)。

(2)酶处理 为提高草莓出汁率，一般需要在榨汁前破碎草莓，制得草莓果浆。向果浆中加入果胶酶，以提高出汁率。酶作用的最佳温度是40℃～42℃，需进行保温处理，酶作用的时间为1～2小时。果胶酶的用量为果汁重的0.05%。

(3)榨汁 榨汁时向浆液中加入占浆液3%～10%的助滤剂可有效提高出汁率。常用的助滤剂为经过清洗消毒的棉籽壳。榨汁机有多种，气囊式榨汁机效果较好。滤除大分子物质。在脱气机中进行脱气，可有效防止贮存中发生不良的氧化变化(包括色泽和风味的损失以及澄清果汁发生浑浊现象)。静置一段时间，注意保温，以获得澄清的草莓汁。

(4)调配杀菌 使糖分含量为11%～12%，总酸含量为0.79%，调配用苯甲酸钠用量为0.1%。采用超高温瞬时杀菌为好，121℃ 10秒钟。或采用巴氏杀菌，76.6℃～82.2℃，杀菌20～30分钟，杀菌的温度和时间取决于果汁的类型。如果采用先装瓶后杀菌的工序，则杀菌的时间和温度将取决于瓶子的大小和果汁实际包装等其他特定因素。

(5)装罐 所用包装容器用前消毒。因草莓含酸量高，因此，必须采用抗酸性涂料，加工时要防止划伤涂料，以免造成不必要的损失。再在80℃左右的热水中灭菌20分钟。如用玻璃瓶包装，需分段冷却，如用塑料桶包装，应尽快冷却，以减少营养成分的损失。

9. 如何加工草莓果冻?

草莓果冻呈现紫红色，色泽均匀一致，具有新鲜草莓固有的芳香，呈透明状，凝胶硬度适当，从罐内倒出后，保持完整光滑的形状，切割时有弹性，切面柔软而有光泽，甜酸适口，可溶性固形物含量不低于65%。

(1)原料选择 选用新鲜、成熟度在八九成、风味正常、果实呈红色的草莓果为原料，剔除腐烂、有病虫害、成熟度低的僵化果实。用清水冲洗，也可先用漂白粉溶液浸泡，再用清水冲洗。去除果梗、萼片、蒂柄等。

(2)预煮榨汁 夹层锅中加清水后加热，水温达85℃时投入草莓。一般每锅加草莓50千克，并添加占果重0.2%的柠檬酸以加快色素和果胶的抽出。保温80℃，持续时间为15～20分钟，使果肉充分软化。趁热榨汁，榨汁后要用纱布过滤。一般出汁率为

75%。用占果汁重65%左右的砂糖配成75%～80%的糖液，过滤备用。多采用加热方式进行浓缩，把果汁放入夹层锅中，加热升温。分次加入配好的糖液，投料量要适度。要求每锅的浓缩时间不超过20分钟，浓缩至可溶性固形物达68%，温度达105℃～106℃时出锅。

(3)调整 待浓缩接近终点时，测定果汁含酸量及果胶含量，将果汁含酸量调节至0.4%～0.6%(即pH 3.1)，果胶含量不低于0.1%。

(4)装罐 趁热装入已经消过毒的454克玻璃罐中。果汁温度不低于80℃时，加盖密封。再将罐放入沸水中煮5～20分钟，分段冷却至常温。

参考文献

[1] 周厚成,文颖强,赵霞,等. 草莓标准化生产技术[M]. 北京:金盾出版社,2008.

[2] 何水涛,张运涛,陈汉杰,等. 优质高档草莓生产技术[M]. 郑州:中原农民出版社,2003.

[3] 张运涛,王桂霞,董静,等. 无公害草莓安全生产手册[M]. 北京:中国农业出版社,2008.

[4] 张选厚,贾社全,李军见,等. 草莓设施无公害栽培技术[M]. 西安:陕西科学技术出版社,2007.

[5] 吴禄平,张志宏,高秀岩,等. 草莓无公害生产技术[M]. 北京:中国农业出版社,2003.

[6] 唐梁楠,杨秀瑗. 草莓无公害高效栽培[M]. 北京:金盾出版社,2004.

[7] 郝保春. 草莓生产技术大全[M]. 北京:中国农业出版社,2000.

[8] 王久兴,贺桂欣,李清云,等. 蔬菜病虫害诊治原色图谱 草莓分册[M]. 北京:科学技术文献出版社,2004.